U0806470

二战兵器
图鉴系列

红色洪流

——二战苏军重武器

第二版

军情视点 ◎编

化学工业出版社
·北京·

本书在第一版的基础上，详细介绍了二战时期苏军所使用的各种重武器，包括战舰、战机、火炮、坦克和装甲车等。对每种武器都全面讲解了其研发历史、作战性能和实战表现等知识，读者可以深入了解该武器的诞生背景、构造、性能及其在战争中所起到的作用等。此外，书中还加入了不少与之相关的知识链接和趣闻，以增强阅读的趣味性。

本书不仅是广大青少年朋友学习军事知识的不二选择，也是军事爱好者收藏的绝佳对象。

图书在版编目（CIP）数据

红色洪流：二战苏军重武器/军情视点编. —2版. —北京：化学工业出版社，2017.10（2023.1重印）
（二战兵器图鉴系列）
ISBN 978-7-122-30541-1

Ⅰ. ①红… Ⅱ. ①军… Ⅲ. ①第二次世界大战-武器-介绍-苏联 Ⅳ. ①E92

中国版本图书馆CIP数据核字（2017）第211783号

责任编辑：徐　娟　　　装帧设计：韩　飞
责任校对：边　涛

出版发行：化学工业出版社（北京市东城区青年湖南街13号　邮政编码100011）
印　　装：大厂聚鑫印刷有限责任公司
710mm×1000mm　1/16　印张14　字数249千字　2023年1月北京第2版第4次印刷

购书咨询：010-64518888　　售后服务：010-64518899
网　　址：http://www.cip.com.cn
凡购买本书，如有缺损质量问题，本社销售中心负责调换。

定　　价：55.00元

FOREWORD 前言

1941年6月22日，德国撕毁《苏德互不侵犯条约》，向苏联发动突然袭击。由于对战争危机估计不足，对双方力量对比估计失当，以及战略指导失误等原因，战争初期苏军未能阻止德军的进攻。经过一年多的苦战后，苏军才在1942年11月底制止了德军大规模的战略进攻，使反法西斯战争出现历史性的转折。之后，苏军继续顽强地与装备精良的德军进行战斗，战斗之惨烈远超其他战区，在付出惨重代价后击败德国并解放了欧洲的半壁江山。在整个战争中，苏军有700多万名官兵荣获勋章和奖章，1.1万余人被授予“苏联英雄”称号。

苏联之所以赢得苏德战争（苏联方面称为卫国战争）的胜利，凭借的不仅是苏军将士的英勇无畏，还有苏联强劲的军工生产能力。在战争前期，苏军的重武器装备不及德军，在德军的闪电攻势下不断败退。之后随着战时国防工业的迅速发展，1943年苏军终于在军事技术装备方面取得了对德军的优势。至1943年6月，苏军作战部队已拥有火炮和迫击炮10万余门，坦克和自行火炮1万余辆，作战飞机1万余架。得益于这些精良的重武器，苏军愈战愈勇，直至取得最终的胜利。

因篇幅限制，本书第一版对第二次世界大战（后文简称二战）期间的苏军战机和战舰介绍不足，仅收录了部分最具代表性的型号。第二版将着重补充战机和战舰部分，同时也添加了第一版未提及的部分坦克和火炮。除了补充遗漏的武器，第二版还替换了部分图片。通过阅读本书，读者会对二战时期的苏军重武器有一个全面和系统的认识，并对这场人类历史上最大的战争有一个全新的感悟。

作为传播军事知识的科普读物，最重要的就是内容的准确性。本书的相关数据资料均来源于国外知名军事媒体和军工企业官方网站等权威途径，坚决杜绝抄袭拼凑和粗制滥造。在确保准确性的同时，我们还着力增加趣味性和观赏性，尽量做到将复杂的理论知识用简明的语言加以说明，并添加了大量精美的图片。因此，本书不仅是广大青少年朋友学习军事知识的不二选择，也是军事爱好者收藏的绝佳对象。

参加本书编写的有丁念阳、杨淼淼、黎勇、王安红、邹鲜、李庆、王楷、黄萍、蓝兵、吴璐、阳晓瑜、余凑巧、余快、任梅、樊凡、卢强、席国忠、席学琼、程小凤、许洪斌、刘健、王勇、黎绍美、刘冬梅、彭光华、邓清梅、何大军、蒋敏、雷洪利、李明连、汪顺敏、夏方平等。在编写过程中，国内多位军事专家对全书内容进行了严格的筛选和审校，使本书更具专业性和权威性，在此一并表示感谢。

由于时间仓促，加之军事资料来源的局限性，书中难免存在疏漏之处，敬请广大读者批评指正。

编者

2017年7月

FOREWORD
第一版前言

1941年6月22日，德国撕毁《苏德互不侵犯条约》，向苏联发动突然袭击。由于对战争危机估计不足，对双方力量对比估计失当，加上战略指导失误等原因，战争初期苏军未能阻止德军的进攻。经过一年多的苦战，苏军才在1942年11月底制止了德军大规模的战略进攻，使反法西斯战争出现历史性的转折。之后，苏军继续顽强地与装备精良的德军进行战斗，战斗之惨烈远胜于其他战区，在付出惨重代价后，击败德国并解放了欧洲的半壁江山。在整个战争中，苏军700多万官兵荣获勋章和奖章，1.1万余人被授予“苏联英雄”称号。

苏联之所以赢得苏德战争（苏联方面称为卫国战争）的胜利，凭借的不仅是苏军将士的英勇无畏，还有苏联强劲的军工生产能力。在战争前期，苏军的重武器装备不及德军，在德军的闪电攻势下不断败退。之后，随着战时国防工业的迅速发展，1943年，苏军终于在军事技术装备方面取得了对德军的优势。至1943年6月，苏军作战部队已拥有火炮和迫击炮10万余门，坦克和自行火炮1万余辆，作战飞机1万余架。得益于这些精良的重武器，苏军愈战愈勇，直至取得最终的胜利。

本书详细介绍了二战时期苏军所使用的各种重武器，包括战舰、战机、火炮、坦克和装甲车等。对每种武器都全面讲解了其研发历史、作战性能和实战表现等知识，读者可以深入了解该武器的诞生背景、构造、性能及其在战争中所起到的作用等。通过阅读本书，读者会对二战时期的苏军重武器有一个全面和系统的认识，并对这场人类历史上最大的战争有一个全新的感悟。

作为传播军事知识的科普读物，最重要的就是内容的准确性。本书的相关数据资料均来源于国外知名军事媒体和军工企业官方网站等权威途径，坚决杜绝抄袭拼凑和粗制滥造。在确保准确性的同时，我们还着力增加趣味性和观赏性，尽量做到将复杂的理论知识用最简明的语言加以说明，并添加了大量精美的图片。因此，本书不仅是广大青少年朋友学习军事知识的不二选择，也是资深军事爱好者收藏的绝佳对象。

参加本书编写的有丁念阳、黎勇、王安红、邹鲜、李庆、王楷、黄萍、蓝兵、吴璐、阳晓瑜、余凑巧、余快、任梅、樊凡。在编写过程中，国内多位军事专家对全书内容进行了严格的筛选和审校，使本书更具专业性和权威性，在此一并表示感谢。

由于时间仓促，加之军事资料来源的局限性，书中难免存在疏漏之处，敬请广大读者批评指正。

2015年是二战胜利70周年，仅以此套丛书献给为了人类的正义而浴血奋战过的反法西斯英雄们！

编者

2014年9月

CONTENTS

目录

★ 第5章 海上雄狮——战舰 /177

第1章

红色力量

——二战苏军漫谈

二战中，苏联历经四年激烈的战争才赢得了苏德战争，为整个反法西斯战争的胜利做出了巨大贡献。在战争中，苏联投入了大量的人力、物力，生产了大量的重型武器，也付出了极大的伤亡。本章主要介绍二战时期苏联军事力量的基本情况和当时主要的重武器生产商。

1.1 二战苏联军事力量概述

1917年11月十月革命胜利时，由布尔什维克所领导的红军还没有一支成建制的武装部队，当时参加起义的大多是工人、农民和沙俄旧军队中的革命士兵，他们没有经过正规的军事训练，使用的武器也没有统一的标准。1924～1925年期间，苏联进行了一场全面的军事改革，逐步建立起一支正规化的军队。到了二战期间，苏联军队的人数达到最高峰，拥有超过1000万名官兵。当时，苏联陆军和空军被称为工农红军，苏联海军则被称为红海军。

在战斗中努力鼓舞士气的苏军政委

1941年6月22日苏德战争爆发，由于苏联高层对战争危机估计不足，没有充分做好迎战准备，加上对双方力量对比估计失当、战略指导失误等原因，苏军在战争初期节节败退。至7月8日，苏军89个步兵师、20个坦克师被歼。至11月，德军深入苏联腹地850～1200千米，苏军损失约700万人，其中被俘300余万人。为抗击侵略，苏联动员全国军民奋起进行卫国战争。至1941年7月1日，共有530万人应征参军。至11月，苏军共有291个师又94个旅开赴前线。至1941年底，苏军新组建400多个师。与此同时，苏联政府还动员共产党员参军参战，至1941年12月下旬，约有110多万党员参军。

苏联保卫莫斯科的海报

虽然军队人数不断增加，但由于缺乏足够的训练，苏军在单兵素质上仍然不及德军。为了加强军队的作战能力，苏军采取了一系列颇有成效的紧急措施，例如：恢复政委制，以加强部队的组织领导；加强战时指挥干部的训练工作，以解决指挥干部严重缺编问题；军事院校扩大招收学员名额，缩短学制，提高培训能力；方面军和集团军举办速成训练班，以大量培训初级军官；大批提拔作战有功的士兵，以充实基层干部队伍。得益于此，苏军终于在1941年底将德军阻止在莫斯科和列宁格勒（今圣彼得堡）接近地，并为转入反攻创造了条件。在莫斯科会战的第二、第三阶段，苏军消灭德军50余万人，使德国在二战中首次遭到失败，希特勒的“闪击战”计划彻底破产。

1942年夏季，德军在苏德战场南翼发动进攻，企图夺取高加索石油产地和顿河、库班河一带产粮区。为阻止德军进攻，苏军继续扩充力量，至1942年夏总兵力达1000余万人（其中作战部队550余万）。在斯大林格勒会战中，苏军给德军以沉重打击，夺取战略主动权。这一胜利扭转了苏德战场的局势，成为苏德战争的转折点。

苏联战机在莫斯科附近上空飞行

在军队规模不断扩大的同时，苏军的武器装备也随着战时国防工业的迅速发展而不断改进，到1943年时已能与德军分庭抗礼。1943年6月，苏军作战部队已拥有火炮和迫击炮10万余门，坦克和自行火炮1万余辆，作战飞机1万余架。同年年底，苏军已经拥有5个坦克集团军、24个坦克军和13个机械化军。航空兵师、军和空军集团军也进一步扩编。在1943年夏秋战局中，德军统帅部企图夺取库尔斯克突出部，以扭转不利态势，但苏军在库尔斯克会战中给德军以歼灭性打击，完全掌握了战略主动权。1944年，苏军在列宁格勒、克里木、第聂伯河右岸乌克兰、白俄罗斯、摩尔达维亚、波罗的海沿岸和北极地区连续发动一系列大规模战略性进攻战役，把德军赶出苏联国土。

二战中参与作战的苏联坦克

苏军在罗马尼亚首都布加勒斯特

至1945年初，苏军已拥有

作战部队等940万人，火炮和迫击炮14万余门、坦克和自行火炮1.5万余辆、作战飞机2.2万余架。苏军不给德军以喘息时间，在解放本国领土之后，又不停顿地发起一系列战略性进攻战役。1945年4月，苏军发起柏林战役，歼灭德军近百万人。在二战中，苏军700多万官兵荣获勋章和奖章，1.1万余人被授予“苏联英雄”称号。战后，苏军大批复员。

苏联士兵用火炮攻击目标

苏军士兵庆祝战争的胜利

1.2 二战时期苏联知名重武器生产商

1.2.1 斯大林格勒拖拉机厂

全称：斯大林格勒拖拉机厂
成立时间：1930年
总部地点：斯大林格勒
战时产品：T-34中型坦克

斯大林格勒拖拉机厂加班加点生产坦克

斯大林格勒拖拉机厂又称捷尔任斯基拖拉机厂，以纪念苏联克格勃的前身、全俄肃反委员会（简称“契卡”）的创始人——费利克斯·埃德蒙多维奇·捷尔任斯基（1877年9月11日～1926年7月26日）。该厂总部位于著名的斯大林格勒，其生产设备全部在美国制造，约有80家美国厂商参与生产。完工后的设备被拆运回苏联国内，并由美国人及德国人加以组装。该厂作为当时苏联最大的拖拉机厂，每年生产的拖拉机占全国产量的一半以上。

斯大林格勒战役期间，为了赢得胜利，苏联军队和人民付出了惨重的代价，包括斯大林格勒拖拉机厂的工人们。当时，苏军派了一个师和一个混合旅驻守在拖拉机厂，以维持坦克的正常生产和维修。在战争持续期间，拖拉机厂的工人们一边反击敌人，一边在弹片横飞的车间里坚持生产。在激战正酣的1942年9月，他们仍生产了200辆坦克和150辆牵引车。这些在战争中生产的坦克根本没来得及进行调试和检测，就直接从生产线上开下来，由坦克兵驾驶开往前线参加战斗。在危急时刻，工人们甚至直接驾驶着刚刚造好的坦克出厂迎战德军。

1942年10月中旬，德军第三次企图攻占斯大林格勒，并向拖拉机厂、街垒工厂和红十月工厂实施了突击，这几个地方也成为整场战役中战况最为惨烈的地点。斯大林格勒拖拉机厂的工人最多时达到数千人，但之后大部分工人都牺牲在自己的工作岗位上。由于工厂损坏严重，后来已经无法正常生产，只能对在战斗中损坏的坦克进行修理。

⇧ 被炸为废墟的斯大林格勒拖拉机厂

斯大林格勒战役结束后，拖拉机厂几乎被夷为平地，但工人们没有放弃，而是住在打坏了的坦克车身里或烧毁了的飞机残骸里，夜以继日地重建工厂并再次投入生产。时至今日，该厂随着所在城市的改名也已改称伏尔加格勒拖拉机厂，仍是俄罗斯最重要的军工企业之一。

⇧ 斯大林格勒拖拉机厂在战后迅速恢复生产

1.2.2 红宝石海洋机械中央设计局

РУБИН

全称：红宝石海洋机械中央设计局

成立时间：1901年

总部地点：圣彼得堡

战时产品："十二月党人"级、"列宁主义者"级、"真理"级潜艇等

20世纪初，沙俄准备自行建造战斗潜艇以增强其海军实力。1901年1月4日，沙俄海军部将战斗潜艇的设计任务分配给了三名海军军官，分别是：贝克利密雪夫海军上尉、戈留诺夫海军上尉和战舰制造高级助理布伯诺夫。由这三人组织人力在波罗的海海军船厂开始研制工作。第一个设计方案于1901年5月3日出炉，并在同年7月通过审批，在波罗的海海军船厂开始制造。首舰被命名为113号鱼雷艇。布伯诺夫被任命为"潜艇制造部"长官。这个"潜艇制造部"就是红宝石设计局的始祖。

1926年，潜艇制造部改为第4技术局，由马里宁为总设计师。1932年，又被改名为中央第2军舰设计局，设计了D系列（苏联建国后第一级潜艇）、L系列等潜艇。1937年，第2军舰设计局被改名为中央第18设计局。此外，在经济上改由人民国防工业第二长官部直接管理。二战初期，苏联建造了206艘由中央第18设计局设计的9个潜艇型号。战争中仍有至少54艘这几个型号的潜艇被制造出来。在列宁格勒保卫战中，中央第18设计局由列宁格勒迁往高尔基市（现下新城）。

⬆ 红宝石设计局建造的潜艇下水

1.2.3 联合航空制造公司

UAC UNITED AIRCRAFT CORPORATION

全称：联合航空制造公司

重要人物：阿尔乔姆·伊万诺维奇·米高扬、帕维尔·苏霍伊、谢尔盖·伊留申、安德烈·图波列夫、亚历山大·舍基维奇·雅克夫列夫

成立时间：2006年2月（合并后的新公司）

总部地点：莫斯科

战时产品：Su-2轰炸机、MiG-1战斗机、MiG-3战斗机、SB轰炸机、TB-3轰炸机、Tu-2轰炸机、Il-2攻击机、Il-4轰炸机、Il-10攻击机、Yak-1战斗机、Yak-3战斗机、Yak-4轰炸机、Yak-7战斗机和Yak-9战斗机等

联合航空制造公司是俄罗斯于2006年2月整合包括苏霍伊航空集团、米格航空器集团、图波列夫公司、伊尔库特公司、伊留申航空集团、雅克航空器集团，以及乌兹别克斯坦境内的瓦列里·契卡洛夫塔什干航空制造联合体（TAPO）等主要航天、航空器设计或制造公司而组成的合股公司，主要股东为俄罗斯政府。各个公司在整合前都曾是苏联/俄罗斯最重要的飞机制造商，几乎包揽了近百年来所有苏俄军用飞机的制造工作。

苏霍伊航空集团的前身为帕维尔·苏霍伊于1939年创立的苏联苏霍伊设计局，总部位于莫斯科。帕维尔·苏霍伊喜欢大胆采用最新科学技术成果，这种设计思想使苏霍伊设计局所设计成功并投产的机种都成为当时世界上非常优秀的飞机，但过于追求先进也同时带来了相当高的风险，有相当多的飞机未能投产就半途夭折。在二战期间，苏霍伊设计局主要研制了Su-2轰炸机。

米格航空器集团的前身为由阿尔乔姆·伊万诺维奇·米高扬和米哈伊尔·格列维奇于1939年共同创立的苏联米高扬-格列维奇设计局，其产品取两位创办人姓氏的字首，以米格（MiG）战斗机闻名于世。于是，“米格”便成为该机构私有化后的新名称。在二战期间，米高扬-格列维奇设计局研制了MiG-1和MiG-3战斗机。

图波列夫公司的前身为苏联工程师安德烈·图波列夫于1922年10月22日成立的第156号实验设计局（OKB-156），或称图波列夫设计局，总部设于莫斯科。在二战期间，图波列夫设计局研制了SB轰炸机、TB-3轰炸机、Tu-2轰炸机等。

伊留申航空集团的前身为谢尔盖·伊留申于1933年1月13日建立的伊留申设计局，该设计局设计的飞机具有结构简单、有效载荷大、生存力强等优点。在二战期间，伊留申设计局研制了Il-4轰炸机、Il-2攻击机、Il-10攻击机等，其中两款攻击机把机动性、火力和生存能力等要素巧妙地结合起来，是二战中最具代表性的攻击机之一。

雅克航空器集团的前身为设计师亚历山大·舍基维奇·雅克夫列夫于

1934年创建的苏联第115号实验设计局（OKB-115），或称雅克夫列夫设计局，而其诞生实可追溯到1927年5月12日，由雅克夫列夫负责的GUAP轻型飞机开发部研制的AIR-1飞机处女航之日。在二战时期，雅克夫列夫设计局设计和制造了一系列著名的战斗机，以雅克（Yak）战斗机闻名于世，具体机型包括Yak-1、Yak-3、Yak-7和Yak-9等。另外，还有Yak-4轰炸机等机型。

AVIATION CORPORATION SUKHOI

⊕苏霍伊LOGO

Russian Aircraft Corporation

⊕米高扬LOGO

TUPOLEV Joint-Stock Company

⊕图波列夫LOGO

⊕伊留申LOGO

A.S.Yakovlev design bureau

⊕雅克LOGO

第2章

钢铁英豪

——坦克和装甲车

二战时期，苏联军队拥有强大的装甲力量，不仅数量众多，而且不乏杰作，为苏德战争的胜利做出了巨大贡献。本章主要介绍二战时期苏联军队所使用的重要坦克及装甲战斗车辆。

2.1 坦　克

T-24中型坦克

长度	6.5米	重量	18.5吨
宽度	3米	最大速度	25千米/小时
高度	2.81米	最大行程	140千米

T-24是由哈尔科夫共产国际机车厂（KhPZ，前哈尔科夫机车厂）坦克设计小组独立研制的第一型战斗车辆。

Ⓘ T-24坦克模型图

研制背景

1928年苏联在乌克兰哈尔科夫的哈尔科夫共产国际机车厂成立了一所坦

克设计局。此厂的第一个坦克项目就是T-12坦克。该坦克是T-18的较大版本，拥有功率更大的引擎。在生产了一辆原型车并获得了量产30辆的授权后，因机动表现令人失望，厂方决定进行进一步的开发工作。1929年底，T-12坦克原型车下线，1930年1月开始工厂测试，同年2月，官方测试正式开始。坦克设计小组不得不在紧迫的时间下参考测试结果进行重新设计。

新的坦克设计方案被命名为T-24坦克。T-24坦克在设计上解决了传动和供油系统的问题，同时装上了更大的炮塔。在实施前期测试时，尽管发生了引擎着火事故，导致被迫换装T-12原型车的炮塔才能继续测试，但其表现仍然令人满意。

T-24坦克在1931年开始生产，共计制造数量为25辆。虽然T-24坦克仅作为训练和检阅用，但该车让哈尔科夫共产国际机车厂获得了设计和生产坦克的最初经验，而这些经验在1931年工厂开始授命生产美国BT坦克时，得到了极为成功的应用。

工人及官员与T-24坦克的合影

作战性能

T-24坦克的重量和单位压力被降低，其发动机的输出功率和坦克速度也都得到了提高。T-24坦克前部驾驶舱左侧安装了第4挺机枪，并设置了机枪手座位。由此，坦克的火力分成了三层，这是坦克发展史上的创新。T-24坦克的装甲在当时可算优良，但该车的引擎和传动系统存在诸多问题。

T-24坦克侧面视角

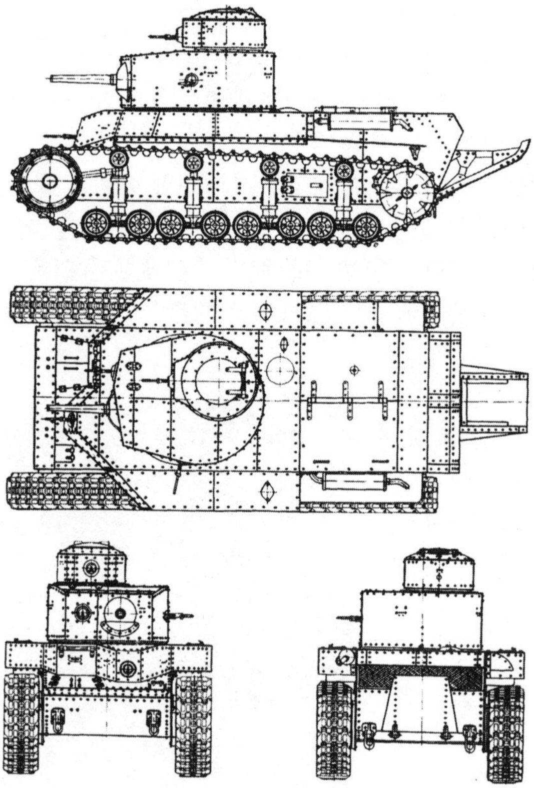

T-24坦克三视图

实战表现

伏罗希洛夫重型火炮牵引车基于T-24坦克的悬挂系统，且使用和BT-7M、T-34坦克同样型号的V-2型柴油引擎。该牵引车从1939年起到德国入侵前在哈尔科夫共产国际机车厂生产了约230辆，1941年入侵开始后，生产被转移到斯大林格勒拖拉机厂，直到1942年8月，伏罗希洛夫重型火炮牵引车总产量达到450辆左右。

伏罗希洛夫重型火炮牵引车

T-27超轻型坦克

长度	2.6米	重量	2.7吨
宽度	1.83米	最大速度	42千米/小时
高度	1.44米	最大行程	120千米

T-27坦克是苏联于20世纪30年代研制的超轻型坦克，二战时期仍在苏军中服役。

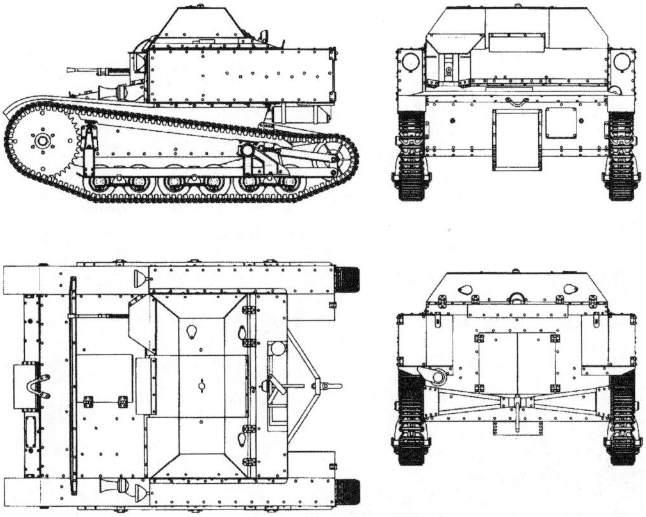

Ⓣ T-27超轻型坦克结构图

研制背景

1927～1930年间，苏联以T-16轻型坦克的底盘为基础发展了数款超轻型坦克：T-17、T-21（仅停留在纸面）、T-23和T-25（同样仅停留在纸面）。

其中，T-23有两种型号：一种有炮塔，另一种没有。T-25则是基于T-17的一种改进型号。这些车辆在设计中有许多缺陷，但性能在当时还算不错，而改正这些缺陷需要耗费大量的时间。因此，苏联从英国购买了26辆早期型卡登-洛伊德Mk Ⅳ超轻型坦克，这批车辆被重新命名为25-V（一些档案文件称为K-25）。同时，苏联政府也购买了许可证用于大规模生产。根据生产计划，在1930～1931年，将生产290辆超轻型坦克，这之后每年生产400辆。

然而，苏联的工程师并不完全满意早期型卡登-洛伊德Mk Ⅳ的性能，在大规模生产之前对其进行了改进。经过这些改进，新的超轻型坦克相对于英国的型号有了很大的变化。1931年2月13日，它被命名为“T-27”并投入使用。

保存至今的T-27超轻型坦克

作战性能

T-27的车体由轧制的装甲板铆接而成，部分为焊接，车顶有两个方形的舱门。所有的装甲板接缝处都用帆布垫片进行了密封，用于增大T-27的涉水深度。T-27没有任何的内部或外部通信联络设备。两车之间的联络主要依靠信号旗来完成，这也是那一时期苏联坦克的典型特征。车辆的动力来源于GAZ-AA水冷四缸汽油发动机（仿制福特-AA）。在每分钟220转的情况下，输出功率可达到30千瓦。

T-27有2名乘员：车长/机枪手和驾驶员，车上安装了1挺7.62毫米DT M1929型机枪。苏军在使用中发现T-27非常简单和容易操作。不过，因为使用的是窄履带，所以不能有效地在沼泽和雪地使用。T-27的内部空间太小，只有相对矮小的士兵才能进入，而且根据以往的经验，缺少全方位旋转炮塔使得坦克的渡河能力不足。后来，这些需要改进的地方都在T-37和T-38轻型坦克上得到了体现。

T-27超轻型坦克侧前方视角

实战表现

在苏军中，超轻型坦克主要用于机械化部队的侦察任务。到了1932年末，共成立了65个超轻型坦克营，每个营有50辆超轻型坦克。不久，这些营的数量就下降到了23个。在苏军最初的机械化部队当中，T-27超轻型坦克扮演着非常重要的角色，但到后来，随着更先进的型号的发展，它们的作用开始下降。到了1937年1月1日，共有2547辆T-27在服役。到了1941年1月1日，仍有2157辆T-27在服役。其中的一些参加了最初阶段的苏德战争，使用T-27最后的一个有记载的战斗是在莫斯科战役期间（1941～1942年冬季）：1941年12月1日，一些T-27支援第71海军陆战旅在亚赫罗马地区附近作战。

↑T-27超轻型坦克协同骑兵作战

T-37两栖坦克

长度	3.75米	重量	3.2吨
宽度	2.1米	最大速度	35千米/小时
高度	1.82米	最大行程	185千米

T-37坦克是苏联在20世纪30年代研制的轻型两栖坦克，主要用来执行侦察任务。

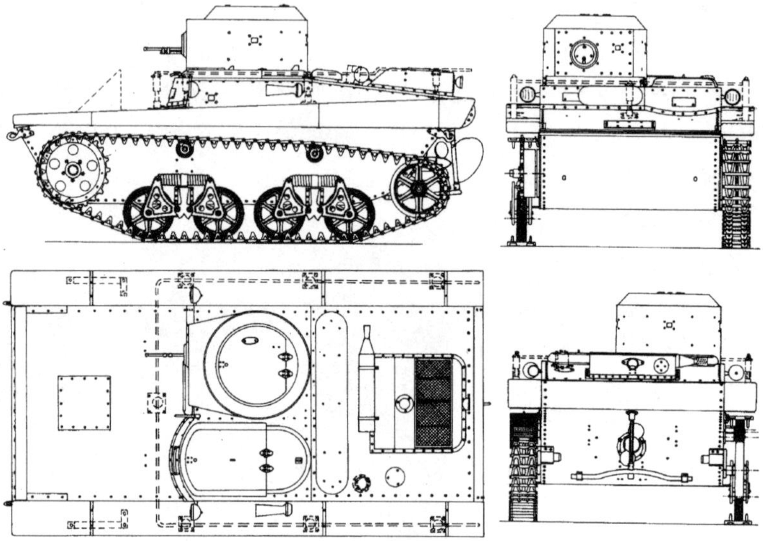

⊙ T-37两栖坦克结构图

研制背景

⊙ T-37两栖坦克编队行驶

T-37坦克的设计源自苏联于1931年购入的英国卡登-洛伊德超轻型坦克。其中，有8辆为A4E11型轻型两栖坦克，苏联对此深感兴趣并动手研制了自己的两栖坦克。由于A4E11并不能满足苏军的要求，苏联据此改进出了自己的T-33两栖坦克。由于存在不少设计缺陷，T-33没能成为苏军的主力轻型侦察坦克。重新设计的工作持续到1933年第一辆T-37从生产线上开出。T-37达到了当局的要求，除了继承了T-33的两栖能力外，与T-33全无相似之处。

作战性能

T-37是一种小巧的超轻型双人坦克，在单炮塔上安装1挺7.62毫米DT机枪。T-37只能靠外壳上的浮囊泅渡内陆的水道，比如小溪和小河，并依靠装在后部的一个螺旋桨在水中行驶。之后，苏联还研制了比T-37更现代化的试验车T-38。这两种两栖坦克在二战中的表现乏善可陈。实际上，T-37并不是一种糟糕的武器，只是它从未被用来从事本职工作，而是执行与敌人坦克作战或支援步兵——两种不可能完成的任务。贫弱的装甲和火力使T-37成为敌人的“活靶子”。实际上，作为侦察坦克，T-37是能够胜任的，其装甲和机枪足以应付敌人的步兵，但它不能担负战斗的重任。

⊙ T-37两栖坦克在雪地中作战

T-40两栖坦克

长度	4.1米	重量	5.9吨
宽度	2.33米	最大速度	45千米/小时
高度	1.9米	最大行程	450千米

T-40坦克是苏联于20世纪30年代末研制的两栖坦克，参加了苏德战争初期的战斗。

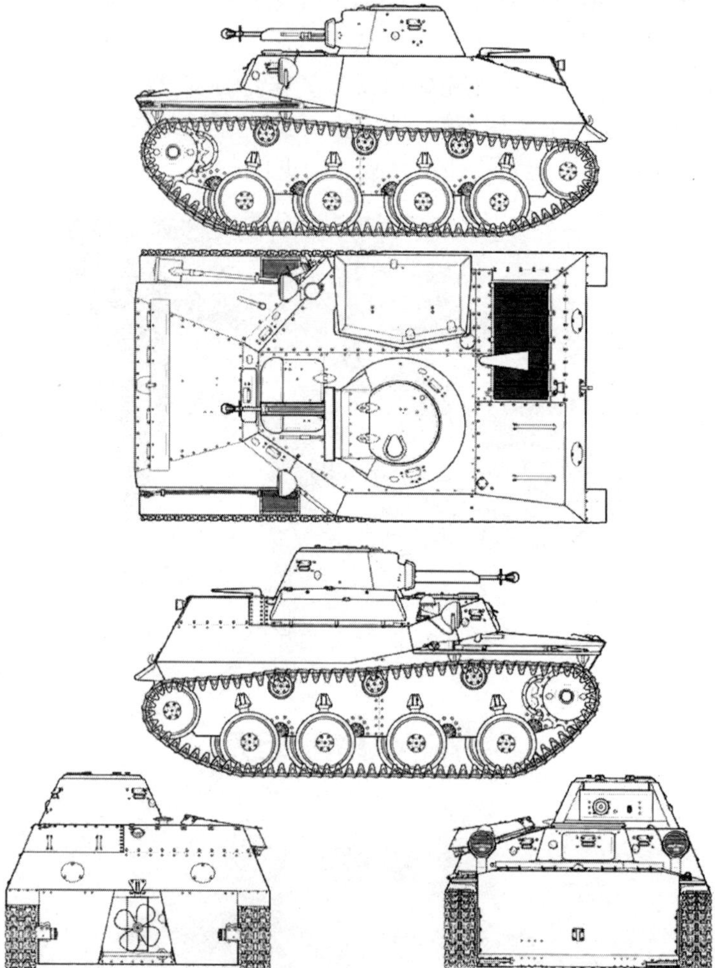

T-40两栖坦克结构图

研制背景

苏联是特别重视发展两栖坦克的国家。当苏军认识到T-37和T-38的不足时，他们就开始设法研制下一代的两栖坦克，即T-40两栖坦克。该坦克是1939～1940年间，由第37工厂的阿斯特洛夫设计组研制成功的。研制过程中，曾参考了苏军在苏波战争中缴获的7TP轻型坦克，这在机枪塔和防盾的形状上有所体现。T-40有T-40、T-40A、T-40C等型号，于1941～1946年间在苏军中服役。T-40配备在苏军的各坦克旅中，但在战争爆发后的1941年底就消耗殆尽了。

保存至今的T-40两栖坦克

作战性能

T-40两栖坦克的车体设计新颖，与船的形状近似，前部宽大而低矮，机枪塔装在左侧略靠后的地方。车辆尾部有个四叶片螺旋桨，水上行驶时靠它驱动，并由两个尾舵操纵航向。车体还有浮动油箱以便增加车辆浮力。该坦克有1挺12.7毫米重机枪装在机枪塔上，由车长操纵；另有1挺7.62毫米前机枪，装在车体前部，由驾驶员操纵。

T-40的动力装置为6缸水冷汽油机，动力传动装置的布置和T-37坦克类似，其悬挂装置采用独立扭杆式，这比T-37坦克的平衡式悬挂装置要先进得多，有利于提高越野性能。每侧有4个负重轮、3个托带轮，主动轮在前，诱导轮在后。其车体和机枪塔为钢装甲全焊接结构，装甲厚度6～14毫米。

T-40两栖坦克在平原地区行驶

T-18轻型坦克

长度	4.38米	重量	5.9吨
宽度	1.76米	最大速度	17千米/小时
高度	2.1米	最大行程	50千米

T-18坦克是苏联的第一种量产坦克，其原型为法国在20世纪初研制的雷诺FT-17坦克。

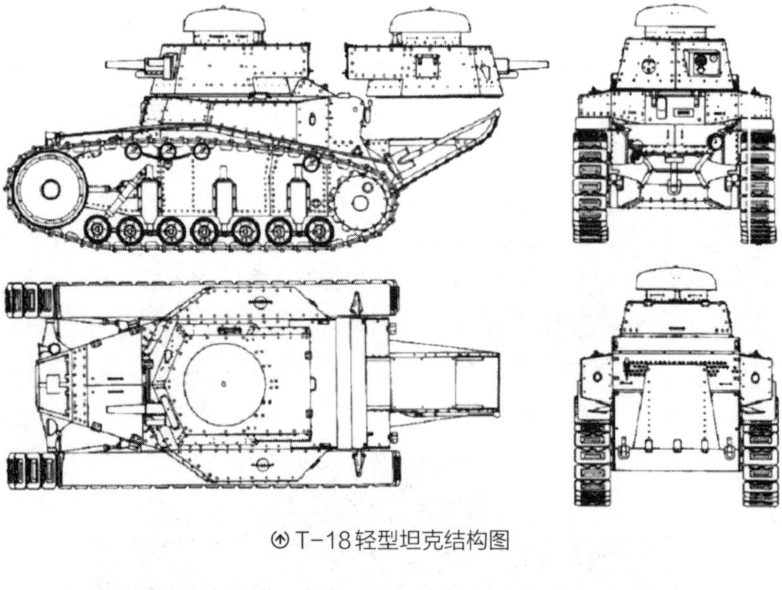

T-18轻型坦克结构图

研制背景

1926年5月，苏联开始了一个三年期的坦克发展计划，目标是开发出一种能够突破由敌人2个师兵力防守的10千米长防线的坦克。同年9月，苏联成立了一个特别委员会负责此型坦克的研制。1927年5月，设计小组又完成了一种全新的设计方案并试制出一辆样车，在接受了简短的行驶测试后，该方案被命名为“1927年式MS-1小型护卫坦克”，其后被正式定型为T-18。1927年6月17日，对T-18样车的最终测试在莫斯科附近完成。特别委员会一致认为T-18的设计十分成功，并推荐将其量产在苏军服役。1928年2月，苏军正式订购了轻型坦克。

㊀保存至今的T-18轻型坦克

实战表现

T-18轻型坦克的总产量为959辆，其中4辆转交内务部队，2辆交给第4委员会，1辆交给军事化工委员会，其余全部装备了苏军的坦克营、坦克团以及1929年开始组建的混成坦克旅。由于苏联后来研制了一系列性能先进的中型和重型坦克，T-18轻型坦克只能退居二线作为训练使用。而留在部队继续服役的T-18的命运也同样惨淡：大部分不是发动机失灵，就是传动装置出了故障，得不到及时的修理。有鉴于此，苏军将剩下的700辆T-18用于加固各军区的防御工事。苏德战争初期，大约有450辆被改成固定火力点的T-18和160辆当作移动火力点的T-18投入使用。T-18的最后一次大量使用是在莫斯科保卫战中，第150坦克旅在战斗中动用了9辆T-18，这也是有关T-18参战记录的最后记载。

㊀T-18轻型坦克编队行驶

T-26轻型坦克

长度	4.65米	重量	9.6吨
宽度	2.44米	最大速度	31千米/小时
高度	2.24米	最大行程	240千米

T-26坦克是苏联红军坦克部队早期的主力装备，广泛使用于20世纪30年代的多次冲突及二战之中。该坦克被认为是20世纪30年代最为成功的坦克设计之一，产量极高且衍生型众多。

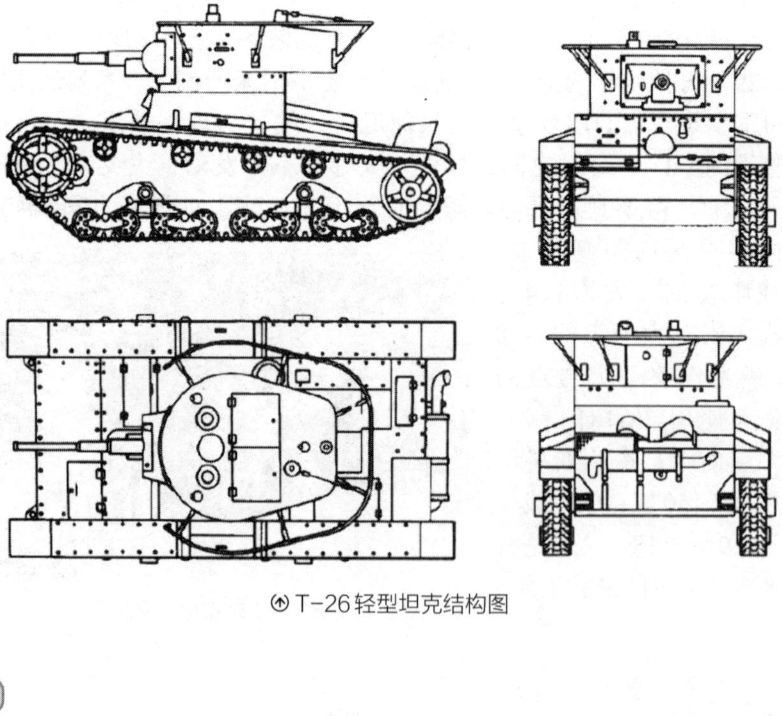

⬆ T-26轻型坦克结构图

研制背景

在早期的苏联坦克中，T-26坦克是比较有名的一种。1930年，列宁格勒的布尔什维克工厂在H.巴雷科夫和C.金兹鲍格工程师的领导下，参照从英国购买的维克斯坦克，经改进设计，制造出20辆类似的坦克，定名为TMM-1和TMM-2坦克。在和其他设计进行对比试验后，革命军事委员会于1931年2月13日决定采用以维克斯坦克为基础设计的新坦克，并正式命名为T-26坦克。从1932年起，以列宁格勒的基洛夫工厂为主的一批工厂开始大量生产T-26坦克。

T-26坦克一般被用来支援步兵，曾经参加过1936年的西班牙内战、1939年苏日哈拉哈河战斗和1939年的苏芬战争，一直被使用到二战初期，在苏联坦克发展史上占有重要的一页。该坦克的主要缺点是装甲防护较差，在苏日哈拉哈河战斗和苏芬战争中损失较大。不过，这也成为苏联以后研制BT-7轻型坦克和T-34中型坦克的契机。

在战斗中被德军缴获的T-26轻型坦克

作战性能

苏军官兵在T-26轻型坦克前研究战术

被缴获的T-26轻型坦克

T-26坦克和德国一号坦克都是以英国维克斯坦克为基础设计的。两者底盘、外形相似，但T-26坦克的火力大大高于一号坦克和二号坦克，甚至超过了早期三号坦克的水平。早期T-26坦克的主炮为37毫米口径，后期口径加大为45毫米。不过，T-26坦克的装甲防护差，没有足够能力抵抗步兵的火力，以至于苏联巴甫洛夫大将得出“坦克不能单独行动，只能进行支援步兵作战”的错误结论。T-26坦克的机动能力较强，公路最高速度达36千米/小时，越野最高速度为16千米/小时。

T-26坦克取消了指挥塔，使得车长的观察能力大打折扣，而且车长还要担任炮长，作战的时候几乎无暇观察四周，因此很容易被侧后的火力袭击。此外，T-26坦克的火控能力也不太好，精确射击能力不足，据说在300米内才可以取得比较高的命中率，而这么近的距离对于装甲薄弱的T-26坦克来说是非常危险的。

实战表现

苏德战争爆发初期，T-26等旧式坦克在数量上还是苏军的主要坦克装备。虽然T-26性能较T-34等新型坦克大为逊色，但德国坦克数量大大少于苏联，而且性能优于T-26的三号、四号坦克装备数量更少，所以苏联当时不存在装备性能落后问题。但是，由于苏军大部分指挥人员素质低下，再加上以坦克的分散使用对抗德军的坦克集群，以及暴露在德军步兵火力下缺乏协同的无谓冒进，使得T-26等坦克的损失量巨大。

T-26轻型坦克准备渡河

雪地里的T-26轻型坦克

T-50轻型坦克

长度	5.2米	重量	14吨
宽度	2.47米	最大速度	60千米/小时
高度	2.16米	最大行程	220千米

T-50坦克是苏联于二战初期研制的轻型步兵坦克。该车的设计有许多先进的特点，但其车体复杂、生产费用昂贵，因此产量很少。

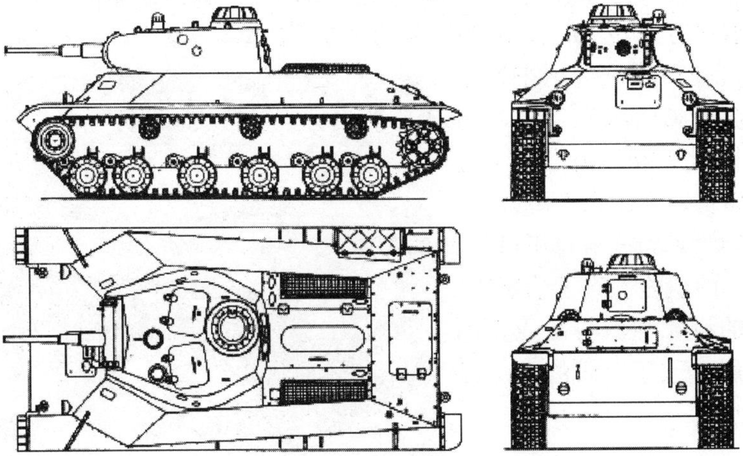

⊕ T-50轻型坦克结构图

研制背景

T-50坦克被设计用来取代T-26步兵坦克。在原计划里，T-50是产量最多且与BT系列快速坦克一起作战的武器。T-50坦克源于1939年列宁格勒基洛夫第185号工厂的试验机械设计部（OKMO）坦克设计局提出的“步兵支援”方案，最初的原型车称为T-126与T-127，虽然性能不比之前发展的T-46-5方案优良，但最后还是选择了较重的T-126来发展。1940年5月，研发工作转交给伏洛希洛夫第174工厂负责。1941年1月，T-50设计完成并被批准生产，但因为技术问题而迟迟无法进行。直到同年9月，T-50才开始生产。T-50坦克虽然有着优异的设计，但仍有着技术性的问题，而且还发现了其昂贵的产能可以用来生产更多更优秀的T-34。同时，更为简单的T-60轻型坦克早已进入大规模生产阶段。最后，共有69辆T-50坦克被生产了出来（只有48辆有武装），1942年1月时生产终止。

作战性能

T-50有着当时先进的设计，包括扭力杆式悬吊系统、柴油发动机、倾斜式装甲和全焊接制造的车身。该坦克还拥有能容纳三人的炮塔，以及设计优良的车长指挥塔，这些在1942年前都未出现于其他苏联坦克。1939～1943年期间大部分的苏联坦克不是单人炮塔就是双人炮塔，战斗效率远低于三人炮塔。另外，所有的T-50坦克都拥有无线电，而早期只有车队队长才拥有无线电装置。

T-50也有一些缺陷，如同大部分的苏联坦克，其内部非常狭窄。但主要问题在于它的V-4发动机。T-50使用的是专用的V-4发动机，而不像其他苏联轻坦克可使用标准的卡车发动机。为了T-50而特别生产专用的发动机，使得其生产成本变得相当昂贵，不符合经济效益。另外，V-4发动机本身也不可靠，其设计上的缺陷一直无法解决。发动机的可靠性低与高成本的生产最后导致了T-50的生产时间极为短暂。

↑芬兰军队使用的T-50轻型坦克

实战表现

曾有少量的T-50坦克被部署于列宁格勒前线，现今也有几张战斗的照片存世，但却没有相关的战斗记录。1944年，有一辆装甲经过升级的T-50坦克被芬兰军队缴获使用。从书面资料上来看，T-50应该能轻松应付任何早期的德国坦克。

被德军缴获的T–50轻型坦克

T–60轻型坦克

长度	4.1米	重量	5.8吨
宽度	2.3米	最大速度	44千米/小时
高度	1.75米	最大行程	450千米

T-60坦克是苏联于1941～1942年期间生产的轻型坦克，用来取代老旧的T-38两栖坦克，其基础设计工作仅花了15天的时间就完成了。

T–60轻型坦克外形结构图

研制背景

1938年尼古拉斯·阿斯特罗夫的莫斯科第37号工厂设计团队接受命令设计两栖侦察坦克与非两栖侦察坦克，很快就做出了T-30A和T-30B两辆原型车。前者于1940年时预计作为T-40两栖坦克的生产样式，同时也衍生出了T-40S（非两栖版本），该车为较重型且被认为过于复杂，难以大规模生产。T-30B原型车则是共用了T-40的底盘，但其在生产上较为简单且拥有较厚重的装甲，因此，T-30B作为T-60坦克被军方所接受，1941年7月开始生产。

⊛ T-60坦克侧前方视角

作战性能

T-60装有1门20毫米TNSh主炮，使用的炮弹包括破片燃烧弹、钨芯穿甲弹等。后期开始使用次口径穿甲燃烧弹，使其能在500米的距离上60度角击穿35毫米的装甲。这使T-60可以成功对抗早期的德国坦克以及各种装甲车辆和一些轻装甲目标。T-60还装备了7.62毫米DT坦克机枪。这种机枪和TNSh主炮都可以拆卸下来单独作战，TNSh主炮拆卸下来只有68千克。

T-60具备大的行程和不良地形上的较好机动性，其负重轮和诱导轮可以互换。第一批生产的T-60并没有安装无线电，内部的通信主要靠TPU-2或者简单的灯光指示。为了增加其在沼泽和雪地中的机动性，设计了与标准履带通用的特殊可移动加宽履带。相比于其他苏军坦克，T-60在雪地、沼泽、烂泥和水草地的机动性能尤为出色。

⊛ T-60坦克在冰面上行驶

实战表现

T-60坦克于1942年被测试改装为滑翔坦克，并设计由Pe-8或TB-3轰炸机进行拖曳投放，为德占区内的游击队提供轻装甲武力。该坦克为了空用而

㊉ 被德军缴获的T-60坦克

㊉ 德军士兵与废弃的T-60坦克合影

将其轻量化，包括卸除武装、弹药、车头灯和仅保留极少的油料。然而，即使是经过改良的TB-3轰炸机也无法有效投放T-60坦克，因为该坦克本身空气动力学设计极差。由于缺乏足够动力的飞机来拖曳该坦克，此计划后来被取消，再也没被提起。二战时，罗马尼亚军还将34辆缴获的T-60坦克进行改装，成为1943年时推出的TACAM T-60驱逐坦克。

T-70轻型坦克

长度	4.29米	重量	9.2吨
宽度	2.23米	最大速度	45千米/小时
高度	2.04米	最大行程	446千米

T-70坦克是苏军于二战中使用的轻型坦克，用来取代T-60的侦察与T-50支援步兵的用途。

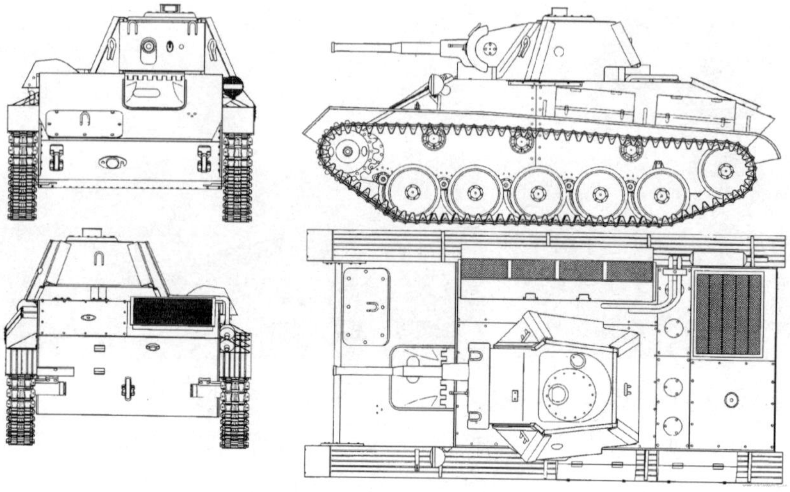

T-70轻型坦克结构图

研制背景

1942年，轻型坦克被苏军认为是无用的武器，它们无法匹敌T-34中型坦克的性能，其武器也无法伤害大部分的德国坦克，但它们能够在那些无法生产重型与中型坦克的小工厂进行生产。T-70是缺点繁多的T-60轻型坦克的代替品，后者的机动性差、装甲薄弱，20毫米炮的火力也不足。T-70也取代了生产时间极短的T-50轻型步兵坦克，该坦克有着设计复杂、生产成本高的缺点。

T-70坦克由基洛夫第38号工厂的尼古拉斯·阿索托夫设计团队研发，1942年3月开始在第37号机械工厂生产。1942年9月，T-70完全取代了T-60，虽然该坦克仍然持续使用直到战争结束。T-70的生产一直到1943年10月时终止，共生产了8226辆。

T-70坦克后方视角

作战性能

T-70坦克的主要武器为1门45毫米火炮，方向射界360度，高低射界–6度～+20度，弹药基数为91发。辅助武器为1挺7.62毫米并列机枪，弹药基数为945发。发动机为2台6缸水冷汽油机，每台的功率为51.45千瓦。车体的前装甲板厚35～40毫米，炮塔装甲板厚10～60毫米。该坦克共有2名乘员，一位为驾驶员，另一位是车长，车长还要兼职装填手与炮手的工作。T-70坦克最大的缺点是机动性不足，它的底盘是从T-60照搬过来的，其速度仅仅比T-60快一点，而越野行程甚至不如T-60。

↑保存至今的T-70坦克

BT-2快速坦克

长度	5.56米	重量	12吨
宽度	2.38米	最大速度	70千米/小时
高度	2.21米	最大行程	450千米

BT-2快速坦克是BT系列快速坦克的第一种量产型，于1932年面世。

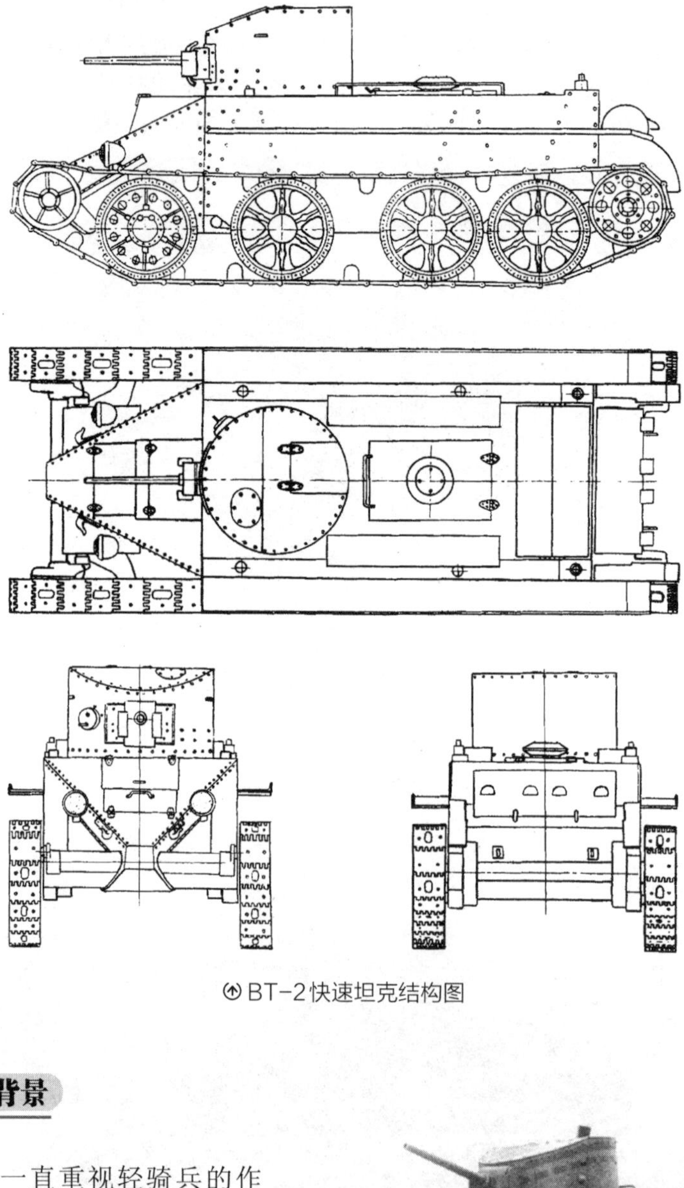

BT-2快速坦克结构图

研制背景

BT-2快速坦克侧前方视角

苏联一直重视轻骑兵的作用，所以要求坦克具有很高的速度，这就使苏联坦克设计人员对美国的克里斯蒂坦克产生了浓厚的兴趣，因为这种坦克的机动性很好。1930年，苏联向美国购买了两辆克里斯蒂坦克。1931年，在沃罗涅什进行了广泛的试验。同年，苏联设计了一种基于克里斯蒂坦克的简化型坦克，称为BT-1快速坦克。BT-1坦克经试验不适合作战要求，生产了两辆样车之后就停产了。1931年底又设计出BT-2型，经试验后，在1932年1月开始批量生产。

作战性能

BT-2以BT-1为蓝本研制而成，由于BT-1没有炮塔，因此BT-2新设计了一个炮塔，安装了1门37毫米口径反坦克炮，车身正前方加上一条钢管去固定诱导轮轴，这成了后来BT坦克的典型特征，其车身结构为焊接和铆钉铆接的混合。与BT-1一样，BT-2可以选择用履带或车轮行驶。因为苏联国土辽阔，有许多地方是没有公路的原野，因此在实际使用时发现很少有机会用车轮行驶。

BT-7快速坦克

长度	5.68米	重量	13.8吨
宽度	2.43米	最大速度	72千米/小时
高度	2.29米	最大行程	499千米

BT-7是BT系列快速坦克的最后一种型号，在1935～1940年间大量生产。该坦克在二战中得到了较为广泛的应用，其设计经验还成功运用到更新型的T-34中型坦克上。

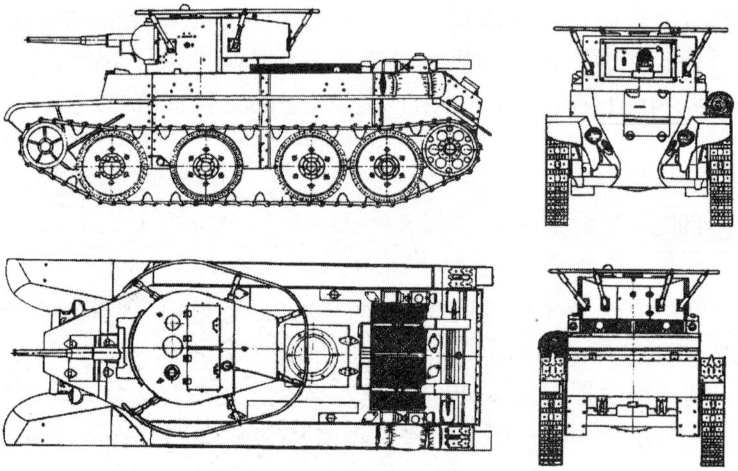

BT-7快速坦克结构图

研制背景

1934年，苏军提出重新设计BT快速坦克，要求将车体装甲改用焊接装甲，并加大装甲板倾斜角度，以增强防护力。1935年，改进工作完成，改进后的BT快速坦克被命名为BT-7快速坦克。二战初期，BT-7坦克主要供远程作战的独立装甲和机械化部队使用，但因其装甲防护薄弱，不适于与敌方坦克作战，所以在1941年的莫斯科会战后便让位于更出色的T-34中型坦克。

作战性能

为了克服装甲薄弱的缺点，BT-7坦克的车体装甲使用焊接装甲，并加大了装甲板倾斜角度，以增强防护力。该坦克采用新设计的炮塔，安装1门45毫米火炮和2挺7.62毫米机枪。为使主炮和机枪能在夜间射击，坦克上增装了2盏车头射灯并在火炮上安装了1个遮罩。后来生产的BT-7-2型坦克还有2个牛角形的潜望镜。

BT-7坦克的动力装置为新型的M17-TV-12汽油发动机，每分钟1760转，功率为372千瓦。这种发动机是德国宝马汽车公司发动机的翻版，最初是为飞机设计的。该发动机可以使BT-7坦克的道路行驶速度达到72千米/小时，越野速度达

BT-7快速坦克侧视图

到50千米/小时。该坦克的车组成员有3人，分别是车长（也担任炮手）、装弹员和驾驶员。

实战表现

1941年6月22日，德军在3500余辆坦克的支援之下突然进攻苏联，苏德战争爆发。苏军当时在欧洲虽然有20个师的兵力，理论上应有1031辆坦克，但实际上各师坦克都不足，只有337辆BT坦克和T-26坦克。战争初期，BT坦克只可对付德军一号坦克和二号坦克等超轻型坦克，面对德军三号和四号坦克则无能为力，而且德国空军握有制空权，很多BT坦克在抵达前线之前就已被德军飞机炸毁。1941年后，BT系列坦克停产，以集中资源生产T-34中型坦克。

⬆ BT-7坦克正在休整

T-28中型坦克

长度	7.44米	重量	28吨
宽度	2.87米	最大速度	37千米/小时
高度	2.82米	最大行程	220千米

T-28坦克是苏联研制的一种中型坦克，于1931年完成设计，1932年底开始生产。

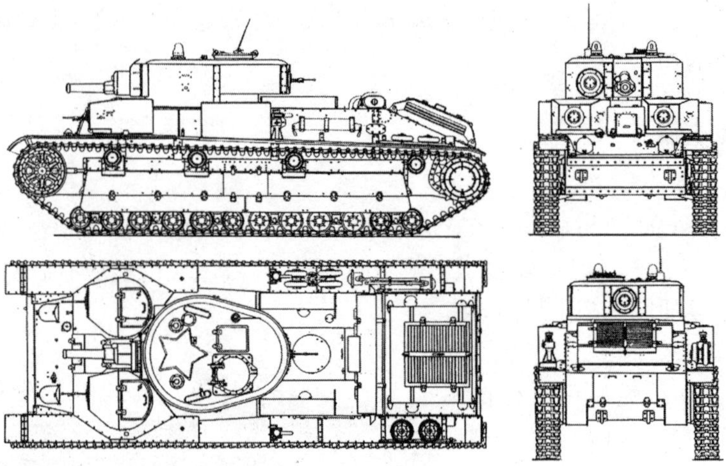

T-28中型坦克结构图

研制背景

T-28坦克在许多方面的设计都类似于英国的维克斯A1E1坦克。尽管后者只有1辆在1926年制造的原型车，但还是大大影响了两次世界大战期间的坦克设计。1932年，列宁格勒的基洛夫工厂开始以A1E1坦克为基础，设计新型坦克。设计出的T-28坦克于1933年8月11日被批准使用。在1933～1941年，共有503辆T-28坦克被生产了出来。虽然这种坦克在战斗上的设计并不十分成功，但对苏联设计师来说是一个重要的里程碑，包括一系列在T-28坦克上进行的试验，对未来的坦克发展有一定程度的影响。

T-28中型坦克前方视角

作战性能

在推出后数年里，T-28是世界上最先进的中型坦克之一，拥有无线电等现代化设备。在二战爆发后，由于经过了装甲升级，T-28的防护力不低于德

苏军士兵与T-28坦克

国四号坦克早期型。不过，T-28坦克拥有明显的缺陷，其活塞弹簧悬吊系统较差，发动机和变速箱也有缺陷，最糟糕的是设计缺乏弹性。尽管T-28与四号坦克早期型的装甲与火力相当，但四号坦克是在良好的基础设计上制成，T-28却是在一个糟糕的基础设计上改良而来。

实战表现

T-28坦克起初部署到入侵波兰和对付芬兰的冬季战争部队中。在冬季战争初期，该坦克被赋予直接对芬兰碉堡开火的任务。在这些行动的过程中，苏联军方发现坦克装甲厚度不足，并计划对其升级。正面装甲从50毫米升级至80毫米，而侧面与后面装甲升级至40毫米。借由装甲升级过的T-28坦克，苏军突破了芬兰的主要防御工事——曼纳海姆防线。

苏联在1941年6月德军入侵时约有411辆T-28坦克。大部分的T-28坦克都在入侵后头两个月损毁，多为机械故障而被弃置。有些T-28坦克参与了1941年冬季保卫列宁格勒和莫斯科的战斗，但在1941年晚期后，T-28在苏军服役的数量已极为稀少，并有少部分被敌军缴获使用。

T-34中型坦克

长度	6.75米	重量	30.9吨
宽度	3米	最大速度	55千米/小时
高度	2.45米	最大行程	468千米

T-34坦克是苏联于1940～1958年生产的中型坦克，是二战期间苏联最好的坦克之一。它在坦克发展史上具有重要地位，其设计思路对后世的坦克发展有着深远影响。

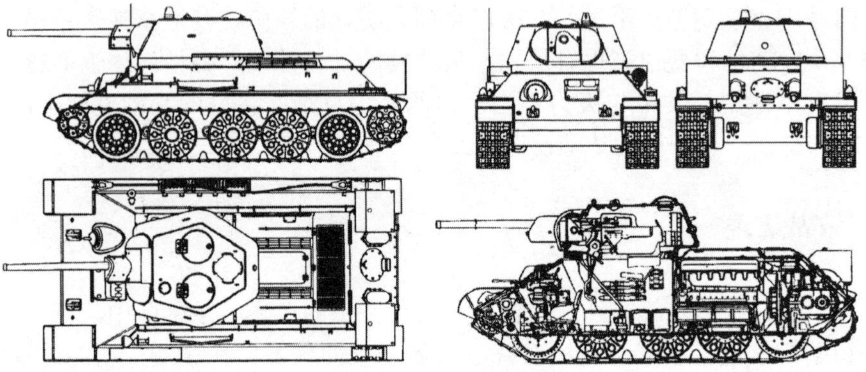

T-34 中型坦克结构图

研制背景

1936年，苏联著名战车设计师柯锡金被调往柯明顿工厂担任总设计师，此时柯明顿工厂的设计局正负责BT车轮履带两用式坦克的改造。1937年，该厂被委派研发一款新型中型坦克，设计代号为A-20。同年11月，设计工作完成，设计方案集BT-1至BT-7之大成。之后，柯锡金建议发展纯履带式的车型，以适应苏军的作战需要，设计编号为A-32（即此后的T-32）。1939年初，A-20和A-32在苏联卡尔可夫制造完成。此后，T-32又加强了火力和装甲防护，并进一步简化了生产工序，最终成为T-34中型坦克。1940年1月底，第一批T-34生产型完工。

T-34 中型坦克前方视角

T-34坦克有T-34/76、T-34/57、T-34/85和T-34/100等改良型号。其中，T-34/85是为了应对德国“虎”式坦克而研制的改进型号。当时，苏军没有能在正常作战距离上对“虎”式构成正面威胁的坦克，因此作为主力坦克的T-34的改装计划立即提上日程。由于加大了炮塔，德军常把T-34/85称为“大脑袋T-34”。

保存至今的T-34 中型坦克

作战性能

Ⓐ T-34 中型坦克侧面视角

T-34中型坦克的主要武器最初是1门76.2毫米M1939 L-11型炮，1941年时改为76.2毫米F-34长管型41.5倍径的高初速炮，具有更长的炮管以及更高的初速，备弹77发。T-34/85又改为85毫米ZiS-S-53坦克炮，备弹56发。除了主炮，T-34中型坦克还装有2挺7.62毫米DP/DT机枪，一挺作为主炮旁的同轴机枪，另一挺则置于车身驾驶座的右方，初速为662米/秒。

Ⓐ 起火燃烧的T-34 中型坦克

T-34中型坦克的车身装甲厚度都是45毫米，和德国的三号、四号坦克相当，但正面装甲有32度的斜角，侧面也有49度。炮塔是铸造而成的六角形，正面装甲厚度60毫米，侧面是45毫米，车身的斜角一直延伸到炮塔，因此T-34从正面看几乎是一个直角三角形。该坦克45毫米厚、32度斜角的正面装甲，防护能力相当于90毫米，而49度斜角的侧面装甲也相当于54毫米。这样的正面装甲，直接导致1941年德国坦克装备的任何火炮在500米距离上都无法穿透。

T-34中型坦克的底盘悬挂系统是美国工程师克里斯蒂发明的新式悬挂系统，可以让坦克每个车轮独立地随地形起伏，产生极佳的越野能力和速度。这项技术因为规格问题未被美军采用，反而被苏联买下专利，并应用于T-34中型坦克上，这使得T-34中型坦克的越野机动性优于德军坦克，而宽履带的设计也将接地压力减至最低程度。T-34中型坦克的最大行驶速度为55千米/小时，满载弹药时T-34的时速仍可达40千米，最大行程则有468千米。该车可通过高0.75米的障碍、越过宽2.49米壕沟，爬坡度达30度。在冰天雪地的东线战场，T-34坦克可在雪深1米的冰原上自由驰骋，被德军称为“雪地之王”。

实战表现

苏军曾经在二战中大量使用T-34坦克。1941年苏德开战时，苏军共有967辆T-34坦克。在苏德战争前期，装有F-34火炮、使用BR-350A式破甲弹的T-34坦克，可以在任何距离上击穿三号坦克。为此，在1941年，德军投

Ⓐ T-34 中型坦克在城市废墟中行驶

Ⓐ T-34 中型坦克碾过另一辆坦克

入了新式的四号坦克，其前装甲厚达80毫米。然而，苏军不久也开始使用3千克重的BR-350P硬芯穿甲弹（APCR），这种炮弹足以在500米距离上击穿92毫米的装甲。但随着时间的推移，德军的“虎”式坦克和“豹”式坦克逐渐入役，T-34坦克的F-34火炮面对这些坦克时难免显得疲软。因此，在T-34/85坦克出场以前，T-34坦克大部分时候都只能从侧翼或后方发起攻击。T-34坦克的主要优势在于其速度快。在库尔斯克战役中，虽然T-34坦克损失惨重，但却利用其速度优势阻遏了德军对苏军突出部的攻击。

T-44中型坦克

长度	6.07米	重量	32吨
宽度	3.25米	最大速度	53千米/小时
高度	2.46米	最大行程	350千米

T-44坦克是苏联在二战中后期生产的一种中型坦克，设计用以取代当时大量服役的T-34坦克。与T-34以及后来的T-54/55坦克相比，T-44的产量较低，大约有2000辆。

研制背景

T-44的研发计划始于1943年，基本设计与T-34很接近，同时参考了稍早的另外两种设计方案：T-34M以及T-43坦克。在设计上，T-44从原先的克里斯蒂悬吊系统改为扭力杆，发动机与车轴呈90度角的安装方式给予乘员较大的活动空间，移动了空气滤清器的位置以降低发动机舱的高度，加上新的5段变速箱。头两辆原型车安装85毫米D-5T炮，第三辆则改用122毫米D-25-44炮。在测试的过程中发现122毫米炮不适合使用在这种吨位的坦克上，因此生产型决定使用85毫米坦克炮。经过测试之后，T-44于1944年底开始进入量产，不过在大战结束前并未进入苏军服役，主要原因是陆军不希望在战争时期另外接收新的坦克，造成训练以及后勤上的压力。

T-44中型坦克在城区行驶

实战表现

1946年，苏联开始引入T-54坦克，T-44的生产则在1947年终止，不过仍旧在苏军中服役。基于冷战时期保密的需要，T-44坦克的存在被刻意地隐藏，从未出现在任何公开游行的场合中。除了文字描述以外，没有照片显示苏联曾经将T-44派驻在民主德国，或者是参加1956年入侵匈牙利的行动。此外，T-44也没有外销到其他国家，因此很少被其他国家知道这一款坦克的实际状况。

雪地中的T-44中型坦克

KV-1重型坦克

长度	6.75米	重量	45吨
宽度	3.32米	最大速度	35千米/小时
高度	2.71米	最大行程	335千米

KV-1坦克是苏联KV系列重型坦克的第一种型号，以苏联国防人民委员会委员克里门特·伏罗希洛夫元帅的名字命名。该坦克以装甲厚重而闻名，是苏军在二战初期的重要装备。

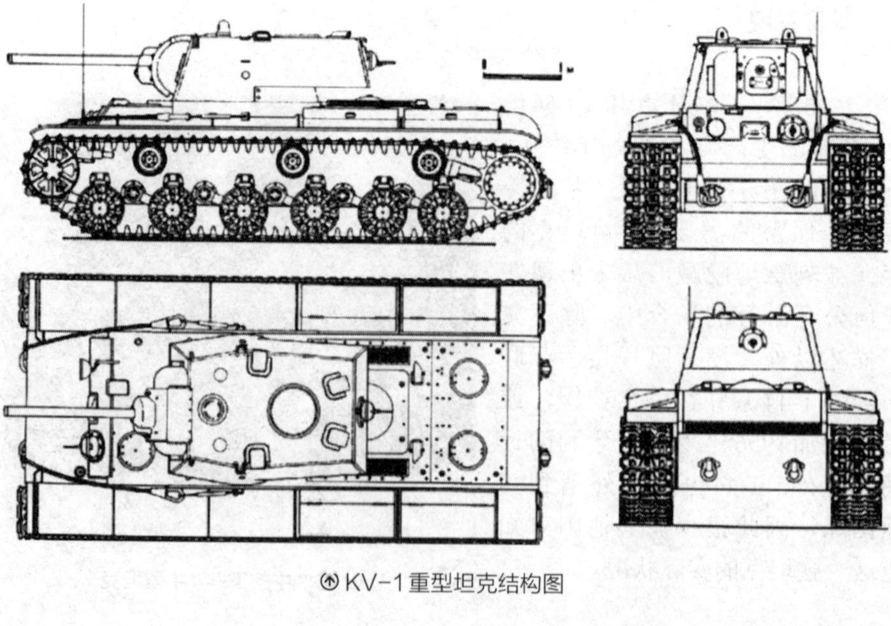

↑ KV-1重型坦克结构图

研制背景

KV-1重型坦克于1939年2月开始研制。同年4月，苏联国防委员会批准了该坦克的样车定型。1940年2月，位于列宁格勒的基洛夫工厂开始批量生产KV-1坦克，当年生产了243辆。同年，苏军一个装备KV-1坦克的坦克排参加了突破芬兰主要阵地的战斗，在战斗中，没有一辆KV-1坦克被击穿。在1941年苏德战争爆发前，苏联的22000辆坦克中约有500辆KV-1坦克服役。苏德战争初期，德军使用的反坦克炮、坦克炮都无法击毁KV-1坦克90毫米厚的炮塔前部装甲（后期厚度还提升至120毫米），对德军震慑力较强。

生产线上的KV-1重型坦克

随着KV-1坦克在战场上屡建奇功，苏联相继研发了它的改良版：KV-2、KV-85和诸多衍生型。1941年9月，迫于前线形势，基洛夫工厂迁往位于乌拉尔山脉的车里雅宾斯克，与当地的拖拉机厂等工厂合并为一个规模宏大的坦克制造厂，人们称为“坦克城”。在整个苏德战争期间，“坦克城”一共生产了13500辆KV系列坦克和自行火炮。到了后期，由于装甲的强化，重量过大也成为KV系列坦克的主要缺点。由于机动性较差，火炮威力也显得不足，KV系列坦克在战争后期逐渐被IS系列坦克所取代。

保存至今的KV-1重型坦克

作战性能

KV-1重型坦克的早期型号装备76毫米L-11火炮，装甲厚达75毫米。车身前面原本没有架设机枪，仅有手枪口，但在生产型上加装了3挺DT重机枪。后期型号的主炮改为76毫米F-32坦克炮，装甲提升至90毫米，炮塔更换为新型炮塔，炮塔前部还设计了使敌军跳弹的外形。该坦克使用12汽缸V-2柴油发动机，最大速度可达35千米/小时。由于装甲的强化，重量过大成为KV-1坦克的主要缺点。虽然不断更换离合器、新型的炮塔、较长的炮管，并将部分焊接装甲改成铸造式，但它的可靠性还是不如T-34中型坦克。苏联因此开始开发新型的重型坦克——IS-1坦克，用以取代KV系列。

KV-1重型坦克正在爬坡

KV-1重型坦克侧面视角

KV-2重型坦克

长度	6.95米	重量	52吨
宽度	3.32米	最大速度	28千米/小时
高度	3.65米	最大行程	140千米

KV-2坦克是苏联在二战中的主力重型坦克KV系列的第二型，搭载152毫米榴弹炮，拥有强大的火力。

研制背景

1939年，苏联与芬兰之间爆发了冬季战争，苏军在突破曼纳海姆防线的行动上吃尽了苦头，对坦克协助支援的需求越来越大。因此，以KV-1坦克为主体、搭载152毫米M-10榴弹炮和新式旋转炮塔的KV-2坦克就被开发了出来，用来进行阵地突破。1939年12月提出开发需求，1940年1月末完成了试制车，到了2月又增加了2辆试制车，立刻被送往战线。2月11日，在曼纳海姆防线的苏姆玛地区首次投入实战。

KV-2重型坦克侧前方视角

被德军缴获的KV-2重型坦克

作战性能

KV-2坦克虽然有强大火力和装甲，但车体重量过高造成机动力低下、底盘容易故障、重型炮塔也使得在车身倾斜时无法旋转，两名装填手装填分离式弹药造成火炮射击速度也慢，使得军方生产KV-2坦克数量不多。二战中期，苏军改以使用“喀秋莎”火箭炮为主力，不但射程远、机动性强、火力猛，更没有KV-2的种种缺点。因此，对坦克的开发关注被转移至自行火炮上，如ISU-152、SU-152等，至于像KV-2这种重型装甲和旋转炮塔的阵地突破用坦克则不再生产。

KV-2重型坦克在公路上行驶

实战表现

1941年6月，德军进攻苏联，此时KV-2坦克（包括试制车）的数量都增加了不少，其重装甲和巨大体积给德军坦克部队造成的震撼较大。1941年

6月23日，装备LT-35轻型坦克的德国第6装甲师于位于立陶宛的多比萨河与拥有KV-2的苏联第2装甲师遭遇，LT-35的37毫米主炮完全无效（此役之后，由于其火力仅对KV-2和T-34的装甲产生如敲门般的声响，37毫米主炮被戏称为“敲门炮”），因此蒙受巨大损失。

KV-85重型坦克

长度	6.9米	重量	46吨
宽度	3.25米	最大速度	40千米/小时
高度	2.93米	最大行程	250千米

KV-85坦克是苏联在二战中的主力重型坦克KV系列的第三型，产量较低。

研制背景

KV-1坦克在苏德战争爆发时，装甲和火力都领先于世界。但进入1943年后，德国的“虎”式坦克、“豹”式坦克在各个方面都开始压倒KV-1。库尔斯克战役中，苏军的T-34-76和KV-1面对德军新型坦克，几乎没有对抗之力。“虎”式和“豹”式的坦克炮在1000米外就可以击穿KV-1/1942年型110毫米的装甲，装甲弱化的KV-1S则更无抵挡之力。而KV-1坦克的76毫米炮

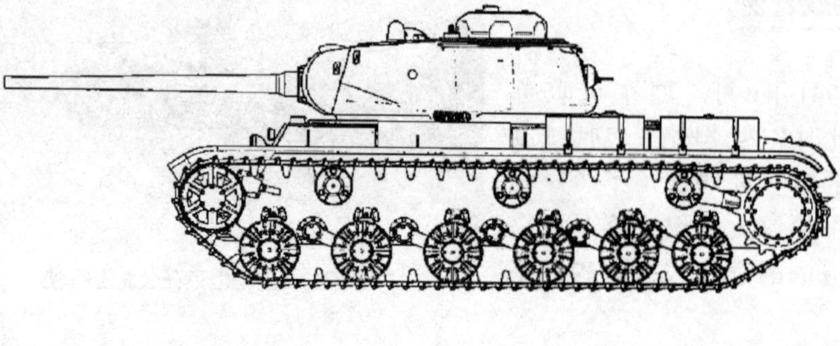

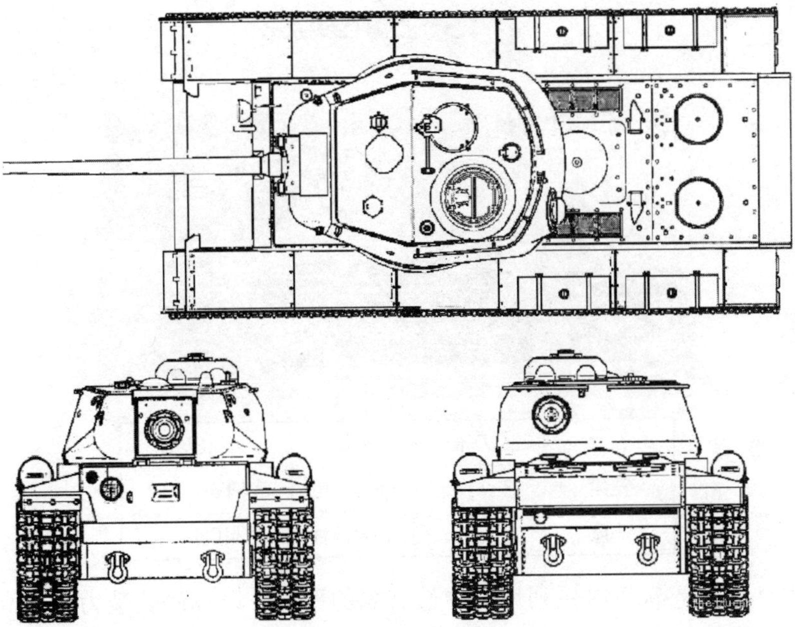

KV–85重型坦克结构图

在100米距离也无法正面击穿“虎”式和“豹”式坦克。因此，安装更大威力的火炮，成为苏联新型坦克的急迫任务。1943年8月，安装新型D-5坦克炮的KV-85开始生产。这种坦克仅生产了2个月，产量为143辆。KV-85坦克作为IS系列坦克投产前的过渡产品，在技术积累上做出了贡献。

作战性能

KV-85坦克沿用KV-1S坦克的底盘，配备了专为85毫米坦克炮设计的新型铸造炮塔，该炮塔前装甲达100毫米，而且容积较大，拥有车长指挥塔，有利于提高作战效率。不过，在KV-85的炮塔上安装85毫米火炮影响了炮塔的结构，需要增大炮塔尺寸，才能避免乘员工作空间急剧缩小和作战效能降低。但是这样一来，也造成了KV-85的重量增加。个别的KV-85还改装了122毫米火炮，虽然火炮威力巨大，但产量寥寥无几。

KV–85重型坦克侧前方视角

IS-2重型坦克

长度	9.9米	重量	45.8吨
宽度	3.09米	最大速度	37千米/小时
高度	2.73米	最大行程	240千米

IS-2坦克是苏联IS系列坦克中最著名的型号，以苏联武装力量最高统帅约瑟夫·斯大林的名字命名。该坦克和T-34/85中型坦克构成了二战后期苏联坦克的中坚力量。

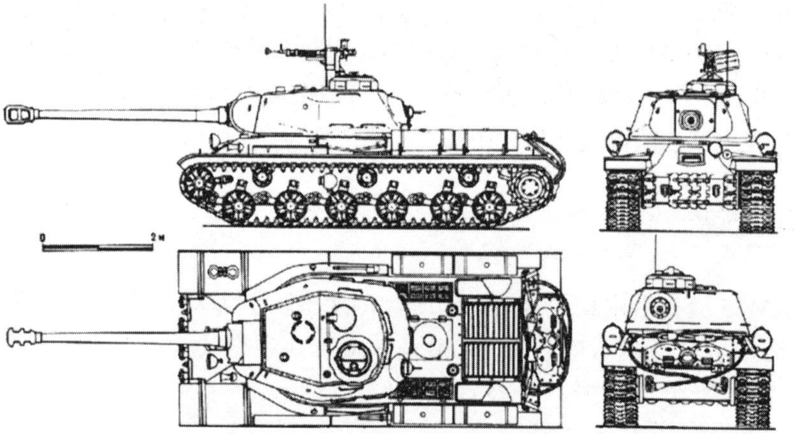

⊕IS-2重型坦克结构图

研制背景

二战后期，苏联获悉德国新型“虎”式坦克的存在后，在KV-85重型坦克的设计经验的基础上，由SKB-2设计局（当时位于车里雅宾斯克基洛夫工厂）开发出一种拥有强大火力和厚重装甲的新式重型坦克。战争期间共发展了3个型号：IS-1、IS-2、IS-3。1943年秋，第一批IS-1重型坦克样车出厂。同年

10月31日，换装122毫米炮的改进型被批准定型，并命名为IS-2重型坦克。

保存至今的IS-2重型坦克

IS-2坦克是IS家族中最享有盛名的型号，在苏德战争中立下了汗马功劳。IS-2坦克的重量和德国“豹”式中型坦克（44吨）是一个级别，但是整体性能却和更重的“虎”式相当，火力更凌驾于“虎”式之上。为了对付苏军这种重型坦克，德国于1944年又研制出火力更猛、装甲防护力更强也更难以维护的“虎王”重型坦克。

作战性能

IS-2重型坦克的炮塔和车体分别采用整体铸造和轧钢焊接结构，车内由前至后分为驾驶部分、战斗部分和动力-传动部分。该车配有4名乘员，驾驶员位于车体前部中央，其前方的上装甲板上开有观察孔。有的车上设有开关驾驶窗，但只能供驾驶员观察，不能由此出入。驾驶员上下车时必须经过炮塔门或车底安全门。车长和炮长位于炮塔内左侧，炮长在车长前下方，可使车长获得更好的视界。车长指挥塔为固定式，呈圆柱形，周围有6具观察镜，顶部有1扇舱门。装填手在炮塔内右侧，有1具潜望镜和单独的舱门。

IS-2坦克的122毫米主炮身管长为43倍口径，装有双气室炮口制退器，采用立楔式炮闩、液压式驻退机和液气复进机。火炮方向射界为360度，高低射界为–3度～ +20度。该炮可发射曳光穿甲弹，弹丸重25千克，初速781米/秒。根据战后美国人的测试，在100米距离上穿甲厚度为201毫米，在500米距离上可以击穿183毫米厚的装甲。该坦克的辅助武器为4挺机枪：1挺并列机枪、1挺安装在车首的航向机枪、1挺安装在炮塔后部的机枪和1挺安装在车长指挥塔上的DShK机枪。

IS-2重型坦克的辅助武器

IS-2坦克的车体和炮塔的装甲板厚度分别为：车体前上部装甲板倾角70度，厚120毫米，侧面装甲板厚89～90毫米，后部装甲厚22～64毫米，底部装甲板厚19毫米，顶部装甲板厚25毫米。炮塔装甲板厚30～102毫米。炮塔内安装有四氯化碳手提式灭火器。

IS-2坦克的发动机为V-2-IS型V形12缸水冷柴油机，在转速2000转/分时功率为377千瓦。传动装置由机械式手操纵变速箱、二级行星转向机构及侧减速器等组成。变速箱为横轴式，有高、低速挡位。每个挡位又各有4个前进挡和1个倒挡，因而该变速箱共有8个前进挡和2个倒挡，有较大的变速范围，从而有利于提高坦克的平均行驶速度。

浩浩荡荡的IS-2重型坦克编队

IS-2重型坦克进入战备状态

实战表现

IS-2坦克最傲人的战绩是在1944年8月13日的战斗中，近卫第52坦克旅的乌达洛夫中尉驾驶编号98的IS-2坦克单独伏击七辆“虎王”坦克并击毁三辆。

IS-3重型坦克

长度	9.85米	重量	46.5吨
宽度	3.15米	最大速度	37千米/小时
高度	2.45米	最大行程	150千米

IS-3坦克是在IS-2基础上发展而来的重型坦克，是二战时期苏军最后一种重型坦克。

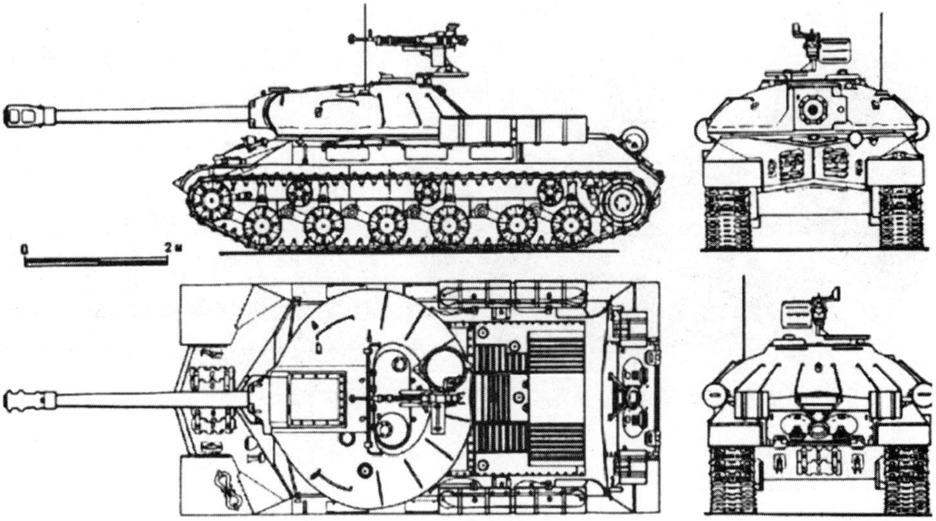

IS-3重型坦克结构图

作战性能

IS-3重型坦克全重46.5吨，乘员4人，分别为车长、炮长、装填手和驾驶员。车体从前到后依次为驾驶室、战斗室和动力室。驾驶员位于驾驶室正中央，他的上方有一个向右打开的三角形舱门，舱盖上有一具潜望镜。IS-3的出现主要是由于德国的“虎王”坦克的冲击，因此防护力极强，其车体和炮塔的倾斜装甲全面提高了坦克的防护力。

IS-3的主武器和IS-2的完全一样，同样是一门D-25T-1943年型122毫米火炮，方向射界360度，水平射界–3度～+20度。射击俯角小，是苏联坦克的一个通病。为了追求完美的防弹外形，降低炮塔高度，又不得不给布置在火炮尾部上方的反后坐装置留出足够的空间，苏联设计师只好在射击俯角上做出了让步。IS-3的弹药为分装式，因此射速较慢，只有1.5～2发/分。弹药基数和IS-2一样为28发，包括10发穿甲弹和18发高爆榴弹。辅助武器为1挺安装在装填手舱门处环行枪架上的12.7毫米高射机枪、1挺7.62毫米并列机枪和1挺安装在炮塔左后部

保存至今的IS-3重型坦克

⊕ IS-3重型坦克参加阅兵式

的7.62毫米机枪。其中，高射机枪由装填手手动击发，并列机枪和炮塔后机枪则分别由炮长和车长操纵。总的来说，IS-3的火炮威力虽然强大，但是射击俯角太小，射速慢，弹药基数也太少，因此，和战后装备90毫米火炮的美军M-46、M-47和M-48相比，IS-3的火力并不能算理想。

实战表现

第一批测试用的IS-3重型坦克于1945年5月中旬开下生产线。它没有参加任何同德军进行的战斗。据说在1945年夏季，曾经有一个IS-3重型坦克团被运往远东，但是在参加远东战役的苏军各方面军的战斗序列里却找不到任何重型坦克单位的记录。1945年9月7日，在柏林举行了盟军和苏军的胜利阅兵式，在苏军队伍里有IS-3重型坦克的踪影。

T-35重型坦克

长度	9.72米	重量	45吨
宽度	3.2米	最大速度	30千米/小时
高度	3.43米	最大行程	150千米

T-35重型坦克是苏联在两次世界大战期间设计，在苏德战争初期使用的多炮塔重型坦克。

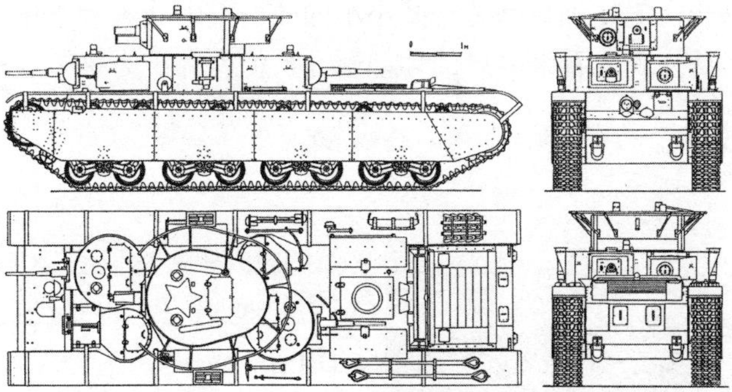

⊕ T-35 重型坦克结构图

研制背景

⊕ T-35 重型坦克侧后方视角

T-35重型坦克是苏联以伏罗希洛夫元帅的名字命名的N174机器制造厂设计的。该坦克1933年由哈尔科夫蒸汽机车制造厂批量生产，1936年开始在苏军中列装，1939年停产，前后只生产了60余辆。

作战性能

T-35坦克的乘员多达11人，有5个独立的炮塔（含机枪塔）。不过，这5个炮塔是分两层排列的。主炮塔是中央炮塔，在最顶层，装1门16.5倍口径的76毫米榴弹炮（后改为24倍），携弹90发，另有1挺7.62毫米机枪。下面一层有4个炮塔和机枪塔：2个小炮塔位于主炮塔的右前方和左后方，2个机枪塔位于左前方和右后方。这样布置的好处是火力配系和重量分布比较均衡。不过，除了主炮塔可以360度旋转外，其余4个炮塔都只有165度～235度的方向射界。也就是说，由于总体布置上的限制，不可能将5个炮塔的火力全部集中到一个方向上。

⊕ T-35 重型坦克侧面视角

T-35坦克的动力装置为一台368千瓦的航空水冷汽油机。传动装置为机械式，行动装置采用平衡式悬挂装置和小节距履带，每侧有8个小直径负重轮。值得一提的是，每一台T-35坦克都有一些小小的改变，因此每台T-35坦克都是独一无二的。虽然从外观上看来T-35的体型巨大，但内部极为狭窄且多隔间。

实战表现

↑停在路边的T-35重型坦克

T-35坦克是世界上唯一量产的五炮塔重型坦克，也是当时世界上最大的坦克。然而，多炮塔坦克的机动力低下和不可靠在实战中被充分体现出来。所有的T-35坦克都在德国入侵苏联的“巴巴罗萨”行动初期被击毁或者俘获。大部分损失的T-35坦克并非是被德军击毁，而是因为机械故障。

2.2 装甲车

D-8轻型装甲车

长度	3.54米	重量	1.58吨
宽度	1.71米	最大速度	85千米/小时
高度	1.68米	最大行程	225千米

D-8装甲车是苏联早期最有代表性的轻型轮式装甲车系列，在20世纪30年代应用广泛，并衍生出二战时的BA系列装甲车。D-8于1931年由德连科夫设计，重量较轻，没有炮塔。该设计利用福特轿车的底盘，2挺机关枪装在车体侧面，火力覆盖面较窄。D-8有2名机枪队员，背对背坐着，后面的人可操作后置机枪。1932年，D-8升级成小炮塔及安装DT机枪，减少了原有的

缺点。二战爆发后，D-8在更好的装甲车生产装备后很快就被淘汰。

D-12轻型装甲车

长度	3.58米	重量	1.7吨
宽度	1.74米	最大速度	85千米/小时
高度	1.69米	最大行程	225千米

D-12装甲车是D-8装甲车的一种后续车型，该车比D-8略重，其他性能参数相差无几。D-12产量很小，但在20世纪30年代初期多次参加红场阅兵，苏德战争爆发时部分在远东服役，甚至参加了1945年胜利阅兵。D-12舱顶设计为可敞开式，加装1挺全向射击的机枪甚至高射机枪。

FAI轻型装甲车

长度	3.75米	重量	2吨
宽度	1.68米	最大速度	80千米/小时
高度	2.24米	最大行程	200千米

FAI装甲车是苏联历史上产量最大的装甲车之一。1931～1932年，根据苏军机械化与摩托化委员会的命令，伊兹奥罗斯基（Izhorskiy）工厂设计局

研发了一种新型的装甲汽车，被称为“Ford-A Izhorskiy”或简称为“FAI”，于1933年开始量产。FAI车体后部的旋转炮塔可以手动旋转，上面装有1挺7.62毫米DT机枪，在炮塔静止的情况下，机枪的球形装置可以水平±10度旋转。在苏德战争爆发之前，FAI是苏军中使用最广泛的装甲汽车，参加了从1930～1943年间几乎所有的军事冲突。

BA-11重型装甲车

长度	5.3米	重量	8.13～8.65吨
宽度	2.5米	最大速度	64千米/小时
高度	2.4米	最大行程	316千米

BA-11是当时苏联装甲最厚、火力最强的装甲车之一，英美直到1942年才有同类产品。当BA-11在1940年准备批量生产时，苏联军方顾虑BA-10已大量装备，全面换装耗资巨大，因此只把BA-11装甲车列入普通生产序列，产量极少，卫国战争爆发时仅生产了16辆。这些车匆匆赶往列宁格勒前线，数周后全毁。

BA-20轻型装甲车

长度	4.31米	重量	2.5吨
宽度	1.75米	最大速度	85千米/小时
高度	2.13米	最大行程	450千米

20世纪20～30年代期间，苏军为提高机械化部队的机动性，在GAZ-M1四轮越野卡车底盘的基础上，制造出了诸如BA-20在内的多种四轮轻型多用途装甲战车，作为伴随机械化部队的侦察先锋。BA-20是苏军轻型装甲汽车典范，它在FAI-M基础上重新设计了炮塔，火力虽弱，但配有烟雾发射器，足够侦察之用。该车标准装备清单中还有地雷，完成侦察任务后还可以布雷。BA-20乘员为2～3人，装甲厚度为4～6毫米，装有1挺7.62毫米TD TMG机枪。BA-20一共生产了2056辆，一直用到苏德战争爆发。

BA-21轻型装甲车

长度	4.55米	重量	3.25吨
宽度	1.78米	最大速度	53千米/小时
高度	2.16米	最大行程	400千米

BA-21是苏联从1938年开始研制的一种实验性的装甲车，主要是作为BA-20装甲车的改进型。1939年，BA-21进一步发展成LB-23，比最初的设计改用了更好的引擎。维津斯基厂的设计师原本将前者按照顺序命名为BA-23，后被要求改为LB-23。BA-21轻型装甲车性能接近LB-23，但功率仅37千瓦，两车测试时虽表现不俗，但不足以全面取代成熟的BA-20。

BA-30轻型装甲车

长度	4.94米	重量	4.6吨
宽度	2.4米	最大速度	37千米/小时
高度	4.6米	最大行程	253千米

BA-30装甲车是苏联在1937年研制的一种半履带式装甲车，生产数量不多，多用于试验，也有少量参加了冬季战争。BA-30是基于NATI-3半履带运输车的底盘改进而成。与以前的BA系列装甲车相比，BA-30的越野性能有所改善，使用4个小轮和2个大轮，外部装甲类似BA-20。

BA-64轻型装甲车

长度	3.66米	重量	2.36吨
宽度	1.69米	最大速度	80千米/小时
高度	1.9米	最大行程	600千米

BA-64是苏联第一种采用四轮驱动的装甲车，主要作为部队的轻型侦察

车使用。驾驶员位于车辆前部，车长位于驾驶员之后。该车能爬30度的斜坡，涉水0.9米，能在沙石路面上行驶，在冬季行驶时还可以装上滑雪橇。与苏联此前的装甲车相比，BA-64最重要的改进来自于发动机，经过改进的发动机在极端情况下即使使用低标号的燃料仍旧可以发动。

尽管BA-64的装甲防护非常薄弱，但它在执行侦察及支援步兵的任务时还是表现非常出色的。基于车上DT机枪的高仰角优势，在车辆高速度和优良的操纵性的配合下，BA-64可以在巷战中有效地打击躲藏在高大建筑物中的敌方步兵。此外，BA-64也可以攻击敌人的飞机。虽然BA-64的火力并不能有效地摧毁空中目标，但是它的出现可以大大制约敌机的飞行自由，从而有助于减少友军在轰炸中的损失。

BA-64和BA-64B主要被投入到东线，苏军在战争中总共接收了8174辆BA-64和BA-64B，其中的3390辆装备有无线电装置，其余的被送到了内务部队和其他盟军部队手中。战争结束后，BA-64作为训练车辆一直在苏军中服役到1953年，其他的一些华约国家使用它们的年代更久一些。

BA-27重型装甲车

长度	4.62米	重量	4.4吨
宽度	1.81米	最大速度	48千米/小时
高度	2.52米	最大行程	350千米

BA-27装甲车是苏军在20世纪30年代初装备的一种十轮多用途轮式装甲车，其特点是采用了苏联第一种量产的T-18坦克的炮塔。改进型的BA-27M为6×4驱动型，是苏军在内战后装备的第一种装甲车，共生产了300多辆。苏联军方把它看作是“用于伴随坦克作战的、有薄装甲的机动武器”。

BA-1重型装甲车

长度	4.8米	重量	5吨
宽度	2米	最大速度	63千米/小时
高度	2.4米	最大行程	150千米

BA-1是苏联于20世纪30年代研制的一种三轴装甲车。乘员的出入舱口位于车体的两侧和尾部。圆柱形焊接炮塔装有1门标准的37毫米坦克炮（备弹34发）和1挺安装在一个分开的球形装置上的DT机枪，另一挺DT机枪被安置在车体前部也就是驾驶员位置的右侧。由于炮塔底部的装甲板的位置低于驾驶室顶部的高度，使得整车的高度被降低。车体两侧安装了一对可升降的车轮，公路行驶时升起，越野行驶时降下，它可以防止汽车陷入壕沟并帮助汽车通过战壕和沟渠。

BA-3重型装甲车

长度	4.65米	重量	5.82吨
宽度	2.1米	最大速度	70千米/小时
高度	2.2米	最大行程	260千米

BA-3装甲车由BA-1装甲车改进而来，最主要的革新是炮塔和武器装备。BA-3安装了来自T-26轻型坦克的炮塔，炮塔装甲被减至8毫米，安装有1门20K型1932/38型45毫米炮（备弹60发）和1挺DT机枪。部分弹药放置在炮塔，其余的则被放置在车体内部。

1943年6月，BA-3在莫斯科附近的实验场中进行了测试。在测试期间，5.82吨的汽车在铺设的道路上达到了70千米/小时的时速，不过在干燥泥土路面上时速没有超过35千米/小时。在行驶过程中发动机过热，因此被建议对冷却系统进行相关改进。此外，车辆的前部悬挂也进行了加强。除此之外，车辆在测试中没有其他问题被发现，仅仅建议对内部仪器设备的布局做了一些小的改进。在写给委员会的报告中提到："BA-3装甲车被证明是一种很有战场价值的车辆，它应该在苏军中服役"。

BA-6重型装甲车

长度	4.65米	重量	5.1吨
宽度	2.1米	最大速度	55千米/小时
高度	2.2米	最大行程	200千米

BA-6装甲车是苏联在20世纪30年代早期研制的装甲车，外形接近BA-3，但BA-6取消了右后方一扇车门。BA-3装甲过于笨重，而BA-6装甲较薄（10毫米）且性能更好。BA-6最后被更佳的BA-10取代。在20世纪30年代早期，BA-6等装甲车可轻易击毁大部分同期装甲车，但其薄薄的装甲也容易被小口径炮击破。BA-6参加了早期东线的战斗，由于装甲不足以应付德军火力，所以其侦察角色被T-60坦克及T-70坦克等取代。

BA-10重型装甲车

长度	4.65米	重量	5.14吨
宽度	2米	最大速度	53千米/小时
高度	2.2米	最大行程	300千米

BA-10装甲车是苏联在BA-6装甲车的基础上改进而来，堪称苏联20世纪30年代技术最完善、性能最出众的重型装甲汽车，一问世就成为苏军的主力装备。该车采用实心防弹橡胶轮胎，两对后轮也可随时加装履带，履带平时就固定在车身后部的挡泥板上。由于其机动性太弱，导致早早地被淘汰。在诺门坎战役中，BA-10首次投入实战。二战期间，BA-10参加了东线的部分战斗。

第3章 极限火力——火炮

火炮是陆军的重要组成部分和主要火力突击力量，具有强大的火力、较远的射程、良好的精度和较高的机动能力，能集中、突然、连续地对地面和水面目标实施火力突击。二战时期，苏联陆军拥有种类丰富、数量众多的火炮，在战争中起到了重要作用。本章主要介绍二战时期苏联军队使用的重要火炮。

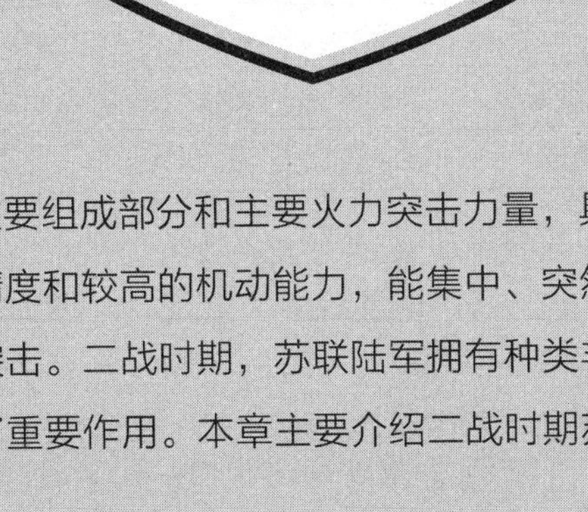

3.1 轻型牵引式火炮

1900/02P式76毫米加农炮

口径	76毫米	炮口初速	700米/秒
炮管长	2.29米	最大射速	12发/分
重量	1092千克	最大射程	8.5千米

苏德战争初期，苏联红军装备的大多数火炮都十分落后，这些火炮大部分直接来自于沙俄军队，其中装备较多的就是1900/02P式76毫米加农炮。这种火炮由位于列宁格勒的普提洛夫工厂生产，至1941年，苏军还有相当部分的连队装备这种火炮。除此之外，当时的芬兰和罗马尼亚军队也装备有1900/02P式加农炮。立陶宛军队在1939年时还以1900/02P式加农炮为主力。波兰于1926年从苏联购买了生产许可证，在国内自行生产75毫米口径的1902/26式加农炮，至1939年，波兰陆军还装备有446门。这些火炮被德军缴获后，德军将其稍事修理就装备了德国陆军，其中，1900/02P式加农炮在德军中的编号为IeFK294（r），1902/26式加农炮在德军中的编号为FK02/26（r）。

↑被德军缴获的1902/26式加农炮

1936年式76毫米榴弹炮

口径	76毫米	炮口初速	706米/秒
全长	7.12米	最大射速	15发/分
重量	1620千克	最大射程	14千米

苏德战争初期，在苏联境内的德军遭遇了装备1936年式76毫米榴弹炮（76mm howitzer M1936）的苏联红军炮兵师。该炮又称为F-22榴弹炮，炮口初速达到了706米/秒，发射普通榴弹炮时射程可以达到13600米，是苏联红军手中当时同等口径榴弹炮中射程最远的火炮，而同样装备苏联红军炮兵师的1927年式76毫米口径榴弹炮由于是以1902年式榴弹炮为基础研制的，所以和1936年式相比，性能差距较大。

↑ 1936年式76毫米榴弹炮后方视角

1939年式76毫米榴弹炮

口径	76毫米	操作人数	5人
全长	5.95米	最大射速	15发/分
重量	1470千克	最大射程	13.29千米

在1936年式榴弹炮基础上，苏联又发展了1939年式76毫米榴弹炮（76mm howitzer M1939），又称为F-22 USV榴弹炮。为了加快研制进度，该炮采用1936年式榴弹炮上50%的零部件，针对后者炮架过重，严重影响机动性的缺点，1939年式榴弹炮对炮架进行了简化，重量大大减轻，同时还增强了行军过程中对不良地形的适应性。

1939年式榴弹炮对1936年式榴弹炮进行了大规模改进，但从一线部队使用的情况来看，苏军士兵还是嫌这种火炮过于笨重，使用过于复杂，而且成本过高，不能大规模生产。虽然这种火炮投入使用的时间不长，不过在1941年底，德国陆军就已经缴获了相当数量的1939年式榴弹炮，德军为其分配编号为FK297（r）。

㊤ 保存至今的1939年式76毫米榴弹炮

1942年式76毫米加农炮

口径	76.2毫米	炮口初速	680米/秒
全长	6.1米	最大射速	25发/分
重量	1200千克	最大射程	13.29千米

20世纪30年代后期，苏联武装力量开始了新一轮的军事改革。当时苏军步兵师仍然大量装备着沙俄时代设计的1902/30型76.2毫米加农炮，而这种老旧火炮已远远不能适应当时的战场环境。针对这种情况，著名的格拉宾火炮设计局（即以火炮设计师格拉宾的名字命名的高尔基市的第92厂设计局）在1936～1939年间先后设计了F-22加农炮和F-22USV加农炮，虽然在性能上有了一定提高，但总体设计仍不理想。与此同时，苏联还认为德国在发展防护力强大的重型坦克。为此，格拉宾于1941年初设计了ZiS-2型57毫米反坦克炮。后来，格拉宾又将F-22USV的炮身装在ZiS-2的炮架上，从而得到了ZiS-3这种优秀的师属加农炮，又称为1942年式76毫米加农炮（76mm howitzer M1942）。

↑ 1942年式76毫米加农炮阵地

1942年式76毫米加农炮正在开火

ZiS-3安装了炮口制退器以减少部分后坐力，半自动立楔式炮闩，使用液压驻退机进行制退。ZiS-3射速快、精确而可靠，受到苏联炮兵的欢迎。由于重量相对较轻，苏联红军的各式卡车乃至吉普车都可以用来牵引，紧急情况下也可由牲畜和炮兵拖拽前进。德军也俘获了很多的ZiS-3并重新赋予FK 288r的编号加以使用。德国士兵给它起了“咻碰炮”的昵称，形容它炮弹速度极快，“咻”地一声发射出去后便能听到撞击在目标上的“碰”声。

1909年式76毫米山地炮

口径	76毫米	炮口初速	387米/秒
方向射界	50度	高低射界	－6度～28度
重量	1225千克	最大射程	8.55千米

1909年式76毫米山地炮（76mm mountain gun M1909）是沙俄时代研制的山地炮，苏军在二战期间仍有使用。山地炮是炮兵装备的一种，设计来进

行山地战和其他难以运进重武器的地方战斗。它们在设计上和步兵炮比较类似，并且容易拆成比较小的部件来靠人力、骡马和拖拉机运输。

1938年式76毫米山地炮

口径	76毫米	炮口初速	495米/秒
炮管长	1.63米	方向射界	10度
重量	785千克	最大射程	10.1千米

1938年式76毫米山地炮（76mm mountain gun M1938）是苏联在二战时期使用的两款主要山地炮之一，于1938年设计定型。与1909年式76毫米山地炮一样，1938年式76毫米山地炮也能方便地拆卸开来，可以装载在驴子或者马匹等背上运到交通不发达的山岭地区作战。

1927年式76毫米步兵炮

口径	76毫米	炮口初速	387米/秒
炮管长	1.25米	最大射速	12发/分
重量	780千克	最大射程	4.2千米

1927年式76毫米步兵炮（76mm regimental gun M1927）是苏联在1928～1943年期间生产的步兵炮，总产量达16482门，曾在二战中广泛使用。

1943年式76毫米步兵炮

口径	76毫米	炮口初速	311米/秒
炮管长	1.25米	最大射速	12发/分
重量	600千克	最大射程	4.2千米

1943年式76毫米步兵炮（76mm regimental gun M1943）是苏联在1943～1945年期间生产的步兵炮，又称为OB-25步兵炮。该炮被用来取代1927年式76毫米步兵炮，总产量为5122门。

1937年式45毫米反坦克炮

口径	45毫米	炮口初速	760米/秒
方向射界	60度	最大射速	20发/分
重量	560千克	最大射程	4.4千米

1937年式45毫米反坦克炮（45mm anti-tank gun M1937）是苏联于20世纪30年代研制的轻型半自动反坦克炮，又称为53-K反坦克炮。这种反坦克炮被装备在步兵营的反坦克排（2门）或步兵师的反坦克营（12门），同时也被分散配备在反坦克团中。在苏德战争初期，苏军曾广泛使用53-K反坦克炮。不过，它的能力决定它只能对德军的轻型坦克和装甲车进行成功打击。53-K反坦克炮能对付早期型号的德军三号、四号坦克，但必须在近距离内进行，而这样炮兵也会遇到极大危险。之后，53-K反坦克炮逐渐被其他新式反坦克炮所取代。

3.2 中型牵引式火炮

1938年式120毫米迫击炮

口径	120毫米	炮口初速	272米/秒
全长	1.86米	最大射速	15发/分
重量	280千克	最大射程	6千米

1938年式120毫米迫击炮是苏联于20世纪30年代研制并生产的一种中型牵引式火炮，并投入到二战中使用。该炮是世界上第一种现代化的迫击炮，二战结束后为苏联盟国长期使用直至越南战争。1938年式120毫米迫击炮高射速和击中遮蔽物目标的能力让它成为有效对付敌方人员的武器。该火炮的表现如此成功，甚至让德国不通过任何改造而直接采用了，该火炮同时也是到现在都没被修改过的少数武器之一。

1939年式85毫米高射炮

口径	85毫米	炮口初速	792米/秒
炮管长	7.05米	最大射速	12发/分
重量	4500千克	最大射程	15.65千米

1939年式85毫米高射炮（85mm air defense gun M1939）是苏联于20世纪30年代后期研制的牵引式高射炮，也称为52-K高射炮。该炮在二战前装备苏联陆军，主要用于射击空中目标，以后还被选作SU-85自行反坦克炮和T-34坦克的坦克炮。52-K高射炮在二战期间曾广泛使用，战后还曾在多场局部战争中出现。该炮身管最初使用被筒，后改为单筒，采用半自动立楔式炮闩和多侧孔炮口制退器。

1944年式100毫米反坦克炮

口径	100毫米	炮口初速	900米/秒
炮管长	5.34米	最大射速	10发/分
重量	3650千克	最大射程	20千米

二战后期，苏联设计师将100毫米海军驱逐舰炮改进为另一种重型反坦克武器，命名为1944年式100毫米反坦克炮（100mm anti-tank gun M1944），也称BS-3反坦克炮。1944年，苏军开始使用BS-3反坦克炮来代替旧式76毫米反坦克炮，可惜BS-3没有成功完全代替它们。直到战争结束，苏联只制造了591门BS-3反坦克炮，其中只有185门在1945年1月投入服役。

BS-3反坦克炮可以在很远的距离上击穿德军坦克的前装甲。它的穿甲弹可以在2000米的距离上垂直击穿125毫米的装甲，1000米的距离上它几乎可以将所有型号的德军坦克和装甲车辆摧毁。这种火炮的射速为每分钟10发。著名的SU-100自行反坦克炮就是使用它为主炮。

1909/30式152毫米榴弹炮

口径	152毫米	炮口初速	344米/秒
全长	5.84米	最大射速	6发/分
重量	2810千克	最大射程	8.9千米

1909/30式152毫米榴弹炮（152mm howitzer M1909/30）是沙俄时代研制的牵引式榴弹炮。由于性能落后，所以二战期间只在部队中作为训练器材使用或只少量装备二线作战部队。不过，德军也曾俘获过这些火炮，编号为sFH445（r）。

1910/30式152毫米野战炮

口径	152毫米	高低射界	5度~40度
炮管长	4.3米	最大射速	4发/分
重量	6500千克	最大射程	16.8千米

1910/30式152毫米野战炮（152mm gun M1910/30）是由法国在20世纪初为沙俄军队设计，1930年开始进行现代化改进，苏联红军炮兵部队在1941年时还有使用。这种加农炮有两种型号，分别由马匹牵引和机动车辆牵引，德军缴获了大量的这种火炮，分配编号K438（r）。

1910/30式122毫米榴弹炮

口径	122毫米	操作人数	7人
炮管长	1.53米	最大射速	6发/分
重量	1466千克	最大射程	8.91千米

1910/30式122毫米榴弹炮（122mm howitzer M1910/30）是苏联红军早期使用的较为广泛的中型火炮。在20世纪30年代初期，苏军前线部队中曾大量装备该种火炮。德军入侵苏联早期缴获的这些火炮数量相当可观，经修复后，分配编号LeFH388（r），有部分火炮还流落到芬兰陆军手中。

1931年式122毫米榴弹炮

口径	122毫米	操作人数	9人
全长	8.9米	最大射速	4发/分
重量	7100千克	最大射程	20.4千米

1931年式122毫米榴弹炮（122mm howitzer M1931）是苏联于20世纪30年代初生产的重型野战榴弹炮，又称为A-19榴弹炮。在苏芬战争中，苏军曾使用A-19成功地摧毁敌方的炮兵连与野战防御，并瓦解了指挥部和补给线，阻止对方动员援兵至前线支持。苏德战争初期，A-19以其优秀的反坦克能力而知名。1943年，苏军没有任何可击退德军新式重型坦克的反坦克炮。威力强大的反坦克火炮需要时间生产，所以A-19成为唯一立即可用来对抗新型"虎"式与"象"式战车的武器。A-19在扮演反坦克的角色上非常成功，它的改进型也被安装在苏联坦克与自行火炮单位，当时对柏林首先开火的武器也是A-19榴弹炮。

1931/37式122毫米榴弹炮

口径	122毫米	炮口初速	806米/秒
全长	8.73米	最大射速	4发/分
重量	7117千克	最大射程	20.4千米

1937年，1931/37式122毫米榴弹炮开始服役，这种火炮其实是一种拼凑出来的临时产品，采用1931年式122毫米榴弹炮炮管和1937年式152毫米榴弹炮炮架，由皮特洛夫设计。但这种火炮的生命力却出奇地长，整个战争期间，在各个战场都可以发现这种火炮的身影，而苏联红军击毁的德军第一辆坦克的战果就是由这种火炮取得的。

1937年式152毫米榴弹炮

口径	152毫米	全高	2.27米
全长	8.18米	最大射速	4发/分
重量	7270千克	最大射程	17.23千米

1937年式152毫米榴弹炮（152mm howitzer M1937）的研发工作由苏联高级工程师皮特洛夫领导，布尔纳舍夫、基尔岩科等人参加了设计工作，又

称为ML-20榴弹炮。该炮采用了122毫米榴弹炮的炮架，重量较轻，能够发射各种类型的炮弹，结合了加农炮和榴弹炮的特点。为了使用方便，该炮同样发展了两种型号，可以分别用马匹和机动车辆牵引。1937年式152毫米榴弹炮是二战时期苏军几种核心火炮之一，其生产也贯穿了整个苏德战争。

1938年式122毫米榴弹炮

口径	122毫米	操作人数	8人
全长	5.9米	最大射速	6发/分
重量	2450千克	最大射程	11.8千米

1938年式122毫米榴弹炮（122mm howitzer M1938）也称为M-30榴弹炮，也是出自高级工程师皮特洛夫之手，1938年在彼尔姆完工，随即在斯维尔德洛夫斯克的第9火炮兵工厂、位于彼尔姆的第172火炮兵工厂和位于斯大林格勒的第221火炮兵工厂大规模生产。该炮是苏联二战火炮的杰作之一。二战结束后的三十余年时间里，许多国家还装备有很大数量的M-30榴弹炮，足见其性能优良。二战中德军缴获该炮后，也对其性能赞叹不已，为其分配编号为K390（r）。

在直射时，M-30榴弹炮能够在1000米距离垂直击穿140毫米厚的均质装甲钢板。该炮的炮身有铆接和铸造两种类型，便于大量制造，炮身坚固，能够装上雪橇，方便在苏联冰天雪地的环境中转移机动。M-30榴弹炮除了能够发射杀伤榴弹外，还能发射破甲弹、烟雾弹、照明弹等各种类型的炮弹。其中，杀伤榴弹OF-462的有效杀伤面积为20～60米，爆炸产生的弹坑直径为2米，深40厘米。照明弹S-462在500米上空爆炸，能够照亮直径1千米的区域，而S-462则在400米上空爆炸，能够照亮直径800米的区域。通常情况下，这些炮弹的下降速率为8～9米/秒。

⊕ 1938年式122毫米榴弹炮后方视角

⊕ 1938年式122毫米榴弹炮侧面视角

1938年式152毫米榴弹炮

口径	152毫米	操作人数	10人
方向射界	50度	最大射速	4发/分
重量	4150千克	最大射程	12.4千米

1938年式152毫米榴弹炮（152mm howitzer M1938）又称为M-10榴弹炮。虽然其具有较远的射程，但重量过大，牵引速度不超过35千米/小时，所以生产数量不是很大，仅有1522门。这种火炮在苏军撤退时成为遗弃的重点目标，所以德军装备了大量的1938年式152毫米榴弹炮，编号为sHF443（r）。

1943年式152毫米榴弹炮

口径	152毫米	炮口初速	508米/秒
全长	6.7米	最大射速	4发/分
重量	3600千克	最大射程	12.4千米

1943年式152毫米榴弹炮（152mm howitzer M1943）是苏联于1943年研制定型的152毫米牵引榴弹炮，是苏军从二战后期至20世纪70年代中期以前的师级支援火炮，又称为D-1榴弹炮。这种火炮主要装备摩托化步兵师炮兵团的重型榴弹炮营，每营18门。

3.3 重型牵引式火炮

1931年式203毫米榴弹炮

口径	203毫米	炮口初速	607米/秒
炮管长	4.9米	最大射速	1发/分
重量	17700千克	最大射程	18千米

1931年式203毫米榴弹炮（203mm howitzer M1931）由位于列宁格勒的波尔舍维克兵工厂制造，又称为B-4榴弹炮。虽然这种火炮笨重无比，但在对付混凝土加固的重型碉堡时能发挥至关重要的作用，所以在哈尔科夫、柴科斯基、柯尼斯堡以及进攻柏林的途中，苏军一直都装备着这种火炮。1944年6月5日列宁格勒战场，由维德门德科少校率领的两个203毫米榴弹炮连摧毁了用钢筋混凝土加固的躲在地下深达3个楼层的一个重型碉堡。

1931年式203毫米榴弹炮采用弹丸和药包分离的方式，炮架左侧装有一个小型起重机用于调运弹药。一门203毫米榴弹炮需要15名士兵操纵，在运输时，能够拆卸成两部分（炮架和炮管），方便装卸。由于重量较大，所以在炮架上改用履带，一般采用拖拉机牵引，牵引速度大约为15千米/小时。由于苏联在冬天大部分地区都在冰天雪地中，而且冰雪融化后经常是泥泞异常，这对重型火炮机动是非常不利的，对于1931年式203毫米榴弹炮来说，加装履带后机动性的提升是相当明显的。

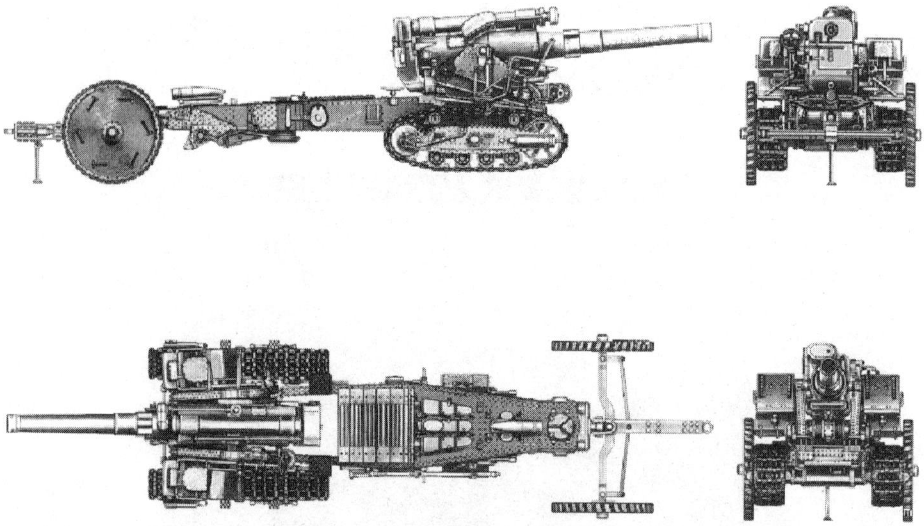

⊙ 1931年式203毫米榴弹炮结构图

1939年式210毫米加农炮

口径	210毫米	炮口初速	800米/秒
炮管长	10.1米	最大射速	20发/小时
重量	43218千克	最大射程	29.4千米

1939年式210毫米加农炮（210mm gun M1939）于1939年开始服役，又称为BR-17加农炮。该炮采用了和1931年式203毫米榴弹炮同样的炮架和履带，射程达到了29.4千米，其炮弹重量达133千克，威力相当可观，炮口初速800米/秒，最大牵引速度25～30千米/小时。1939年式210毫米加农炮采用组合式炮管，在必要时能够将内部炮管拆卸。德军在1941年6月至12月的半年时间里，总共缴获了72门1939年式210毫米加农炮。

1939年式280毫米迫击炮

口径	280毫米	炮口初速	356米/秒
炮管长	4米	最大射速	15发/小时
重量	18400千克	最大射程	11千米

1939年式280毫米迫击炮（280mm mortar M1939）是二战时期苏军的大威力火炮之一，虽然射程只有10650米，但该炮发射的炮弹重达246千克，威力惊人。该炮的水平射界为左右8度，高低射界为0度～60度，战斗重量达18400千克，在运输时能够拆卸成三个部分。

1939年式305毫米榴弹炮

口径	305毫米	炮口初速	530米/秒
炮弹重	330千克	最大射速	20发/小时
总重	45700千克	最大射程	16.5千米

1939年式305毫米榴弹炮（305mm howitzer M1939）是苏联红军最具威慑力的武器，又称为BR-18榴弹炮，其炮弹重达330千克，能在1000米距离以60度角穿透2～2.5米厚的混凝土。该炮的战斗重量达45700千克，行军重量更达到了54000千克。运输时拆卸成三个部分，即炮管、炮架上部分和炮架下部分。BR-18式305毫米榴弹炮同样采用组合式炮管，由于极其笨重，所以从行军状态转至战斗状态需要将近3小时的时间。该炮在1944年列宁格勒地区的反击战中曾使用过。

SU-5自行火炮

长度	4.8米	重量	9000千克
宽度	3.4米	最大速度	30千米/小时
高度	2.4米	最大行程	180千米

SU-5是苏联于20世纪30年代研制的自行火炮，是T-26轻型坦克众多变体之一。

研制背景

20世纪30年代后期，苏联的坦克生产进入了高速发展时期。列宁格勒的红十月工厂在获取了许可证以后，开始积极仿造英国维克斯坦克，生产T-26轻型坦克。而与此同时，苏联军队的大炮兵思想逐渐体现出来，为了给步兵、骑兵和坦克兵提供火力支持，很多苏联设计师在卡车、拖拉机甚至是类似T-28这样的中型坦克上加装各种榴弹炮，口径从76.2毫米到152毫米不等，但是这些设计多少有些防护或者机动上的缺陷。

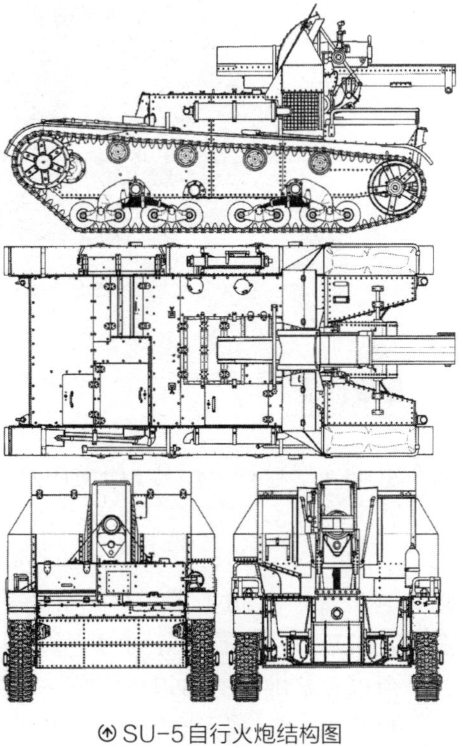

↑ SU-5自行火炮结构图

1935年，红十月工厂应苏联军方的要求，在T-26轻型坦克的基础上开发新的自行火炮。同年，该厂设计出三种样车，即SU-5-1型、SU-5-2型和SU-5-3型。由于存在不少缺点，SU-5系列自行火炮仅仅生产了30余辆，在二战中起到的作用非常有限。

SU-5-2型自行火炮

SU-5-3型自行火炮

作战性能

SU-5-1型自行火炮装1门M1903型76.2毫米30倍口径火炮（该火炮为师级火炮），SU-5-2型自行火炮装1门122毫米榴弹炮，SU-5-3型自行火炮则装1门152毫米迫击炮。因为T-26的基础发动机有66千瓦，所以SU-5的最大速度达到了每小时30千米，在采用74千瓦的T26M型发动机和96千瓦的T26F型发动机后，这个速度还可以更快。而且，因为改造了自行火炮发动机的位置，所以和基础的T-26坦克安装在尾部不同，动力舱改为中置。

尽管SU-5系列火炮的设计考虑到了自行火炮应该具有和装甲部队相同或

者近似的机动能力，但是防护上仅有前方和两侧15毫米的装甲厚度，后方只有13毫米，随着时代的进步，这些就显得非常不足。苏联红军的大炮兵主义也更希望获得带有炮塔的大口径稳定的自行火炮。于是，后来的苏军就采用了T-70轻型坦克的底盘，甚至是T-34底盘来设计符合要求的大口径火炮。因此，在1939年德国入侵波兰之后，SU-5的研制工作就被叫停，苏军从而开始新的自行火炮之路。

ZiS-30自行反坦克炮

长度	3.45米	重量	4.5吨
宽度	1.86米	最大速度	40千米/小时
高度	2.44米	最大行程	250千米

ZiS-30是苏联于1941年开始生产的自行反坦克炮，在苏德战争初期起到了重要作用。

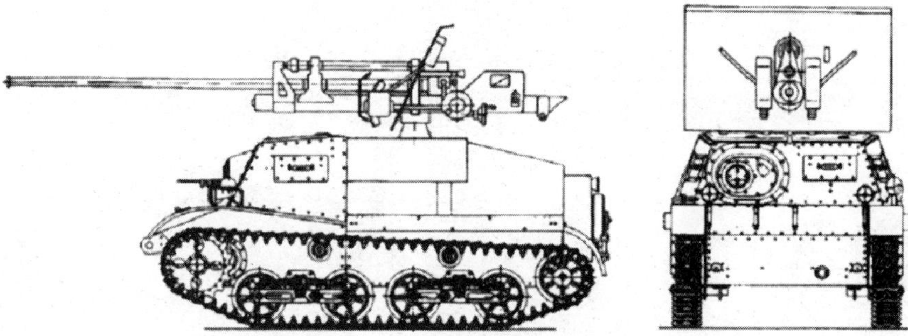

ZiS-30自行反坦克炮结构图

研制背景

苏德战争开始时，苏军没有生产坦克歼击车和自行火炮。虽然战前有几个项目正在发展，有些还造出了样车，但这些项目由于种种原因而被取消。1941年7月1日，苏联军方要求生产一种37毫米自行高射炮、一种85毫米自行高射炮和一种57毫米自行反坦克炮，所有的项目应在1942年7月15日之前完成。57毫米自行反坦克炮的发展项目交由第92厂完成。

为了完成这个任务，第92厂设计局召集了一个专门的工程师组，新的自行反坦克炮很快就设计出来并造出了一辆样车。有记载，曾经造出两辆不同的样车：ZiS-30和ZiS-31。ZiS-30是一种由"共青团员"卡车发展而来的轻型自行反坦克炮。它安装了1门57毫米ZiS-2反坦克炮，而防护仅是1块不大的火炮防盾。为了获得更好的稳定性，它还安装了2个可以伸缩的助锄。ZiS-31也有同样的武器，只不过是由GAZ-AAA装甲卡车发展而来。1942年7月到8月间，对这两辆样车都进行了测试。试验结果表明，ZiS-31的射击结果较佳，而ZiS-30在粗糙或者松软的路况下具有更好的可操作性，因此被选中服役。

ZiS-30安装的57毫米ZiS-2反坦克炮

作战性能

ZiS-30装备的57毫米ZiS-2反坦克炮是强力而有效的反坦克炮，测试中可在500米的距离击穿约90～140毫米的垂直装甲，具体视其采用的弹药种类。

损毁的ZiS-30自行反坦克炮

ZiS-30自行反坦克炮在丛林中前进

实际上，ZiS-30的确可以应付当时德军的任何一款坦克及其他车辆。不过，由于ZiS-30的装甲不全面且非常薄弱，难以在前线的炮火中幸存。绝大部分的ZiS-30被毁灭，极少在战争中幸存下来。ZiS-30在1941～1942年莫斯科战役期间，主要装备苏联坦克旅的反坦克营，应付大量德军装甲部队的入侵。

SU-76自行突击炮

长度	4.88米	重量	10.6吨
宽度	2.73米	最大速度	45千米/小时
高度	2.17米	最大行程	320千米

SU-76是苏联于20世纪40年代研制的自行突击炮，总产量超过1.4万辆，在二战中发挥了重大作用。

知识链接

突击炮是一种活跃于二战的装甲战斗车辆，由德军等首先发展出来。后来，他国（主要是苏联）受其影响而发展出其他型号。大部分突击炮外观和战车相似但没有炮塔，车身相对低矮且射角受限。突击炮主要用于支援步兵扫荡和摧毁敌人的坚强阵地。

研制背景

1942年10月19日，苏联最高国防委员会（GKO）发布了第2429号文件，命令高尔基汽车厂和第38号工厂发展一种轻型自行火炮，装备76.2毫米的ZiS-3型火炮。新车的底盘和发动机将基于T-70坦克，增加整车的长度和负重轮。

1942年11月，两个工厂拿出了他们的设计车型，都装备了ZiS-3Sh火炮。高尔基汽车厂的设计车型定名为GAZ-71，而第38号工厂的则定名为SU-12。1942年12月9日，经过比较测试，GAZ-71被认为不适合当时的战争状况，性能不可靠，所以被取消了。而SU-12方案则被接受了，并正式定名为“SU-76自行突击炮”，1943年1月1日开始批量生产。1943年1月底，苏军以SU-76自行火炮建立了2个自行火炮团并投入战斗。

SU-76自行突击炮侧前方视角

由于平行安置的发动机导致的技术故障，1943年3月21日，SU-76在生产了350辆之后被迫停产。因为1943年苏军夏季的攻势即将来临，最高国防委员会给了很严格的研制时间去修正SU-76的缺点。1943年5月17日，改进过的SU-76M进入测试阶段，并于同年6月开始制造。至1945年6月，SU-76系列共生产了14292辆，其中，战争期间生产了60%。

SU-76自行突击炮在德国境内作战

作战性能

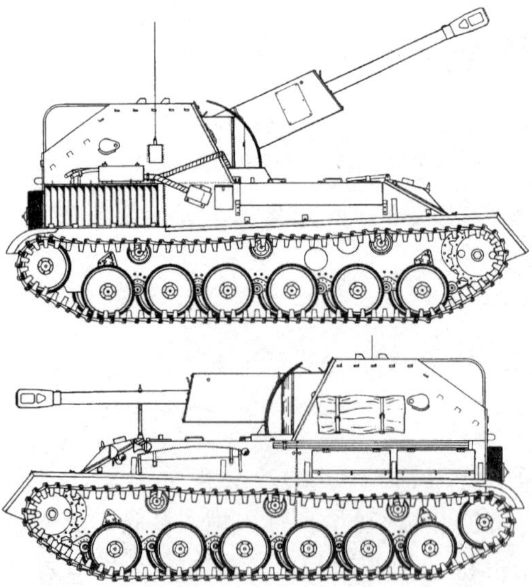

SU-76自行突击炮结构图

SU-76自行火炮的2台GAZ-202发动机被平行安置，取代了T-70的直线型，并加上了厚度为10～35毫米的封闭装甲板。驾驶舱前置在2台发动机中间，76.2毫米ZiS-3Sh火炮则安装在上部结构。整个上部结构后置，乘员为3人。SU-76M改进了发动机和传动系统，保留了原来的车体，但是发动机系统的故障并没有彻底排除。由于SU-76系列自行火炮的一些不可靠性，导致它在苏军前线乘员中口碑并不好，一些乘员昵称SU-76为“荡妇”。

实战表现

SU-76自行突击炮侧面特写

一开始，SU-76被编入混合的自行火炮团，任务是对步兵的近距离火力支援，而反坦克任务则是那些大威力自行火炮的事情。1944年底，SU-76被编入轻型自行炮兵，每组16辆，隶属于标准的步兵师。SU-76携带的60发炮弹里面有一部分是穿甲弹，它的优点是低轮廓，高机动性，很低的地面压力使其能行驶在沼泽以及森林等不良地形，协同步兵可以直接用火力摧毁碉堡和敌军加固的建筑物。战争后期，该车也被大量使用在巷战中，但是其开放的上部结构导致一个手榴弹就可以杀死所有的乘员。到战争结束，苏联红军一共有119个轻自行火炮团和7个自行火炮旅装备了SU-76。另外，波兰陆军也装备了130辆SU-76M。苏军一直到20世纪50年代初还在使用SU-76。

SU-76自行突击炮正在装弹

苏军士兵搭乘SU-76自行突击炮

SU-122自行反坦克炮

长度	6.95米	重量	30.9吨
宽度	3米	最大速度	55千米/小时
高度	2.32米	最大行程	300千米

SU-122是苏联在苏德战争初期研制的自行反坦克炮，采用T-34中型坦克的底盘，主炮为122毫米榴弹炮。

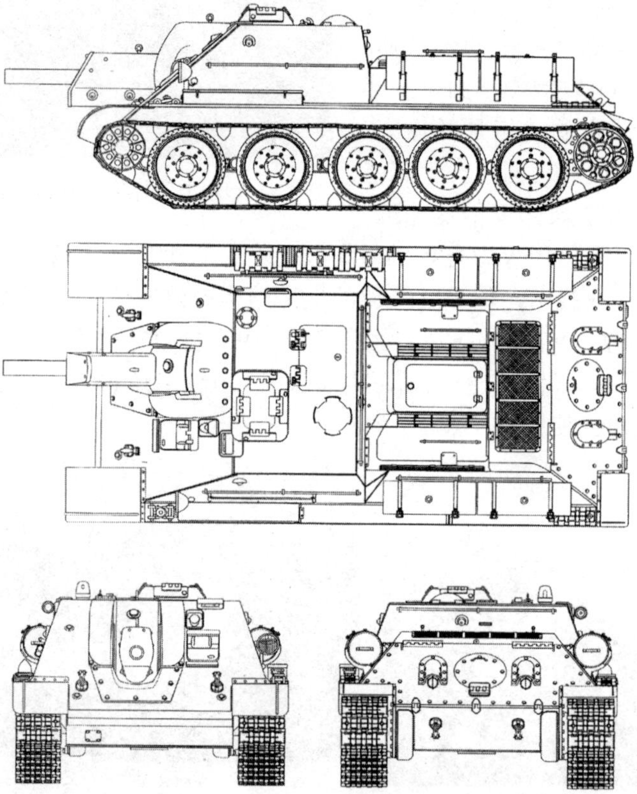

↑SU-122自行反坦克炮结构图

研制背景

1942年4月，苏联命令一些设计局开发一种装备122毫米或者更大口径的突击炮。这项工作交由苏联坦克工业部负责。每个设计局都拿出了自己的设计方案。其中，乌拉尔马许工厂首先拿出了U-35设计样车，第592号工厂则设计出SG-122（A）自行火炮。U-35装备122毫米的M-30型榴弹炮，底盘采用了T-34坦克的底盘。而SG-122装备了相同的火炮，不过底盘却是基于缴获的德国StuG III突击炮。

保存至今的SU-122自行反坦克炮

1942年7月，SG-122被通过，准备进入生产，但是很快又被认为不便于维护而废弃了这个方案，重新采用U-35方案。1942年12月，U-35通过了所有的测试后，被命名为SU-35并开始批量生产。不久之后，SU-35又被改名为SU-122。

作战性能

SU-122作为突击炮被用于提供火力支援，尤其是为步兵部队。强大的122毫米榴弹炮对堡垒、步兵阵地和轻装甲目标有良好效果。此外，SU-122也曾用于反坦克作战。采用1943年装备部队的BP-460A高爆反坦克弹时，理论上可以击穿200毫米装甲。采用122毫米榴弹炮能有效打击德军装甲车辆，甚至是装甲厚重的“虎”式坦克。

SU-122的不足之处在于122毫米榴弹装填时间较长，且装甲并不算太厚，前线部队损失较大。而全车只有一个可供乘员进出的舱门，给乘员逃生带来不便。针对SU-122实际应用中遇到的问题，苏联设计局于1943年5月开始在SU-122的基础上进行新型自行反坦克炮的设计，这就是后来的SU-85。

SU-122自行反坦克炮在德国境内作战

SU-85自行反坦克炮

长度	8.15米	重量	29600千克
宽度	3米	最大速度	55千米/小时
高度	2.45米	最大行程	400千米

SU-85是苏联在二战中研制的一种自行反坦克炮，其车体以著名的T-34中型坦克为底盘。SU-85的SU代表俄语：Samokhodnaya Ustanovka，意为自行火炮载具，而85则表示它的武器为85毫米D-5T火炮。

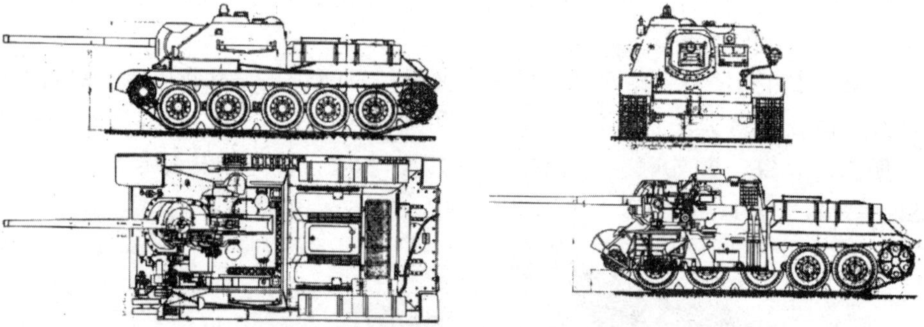

↑ SU-85自行反坦克炮结构图

研制背景

二战初期，苏联坦克诸如T-34和KV-1都有足够的火力去摧毁德军坦克。然而，在1942年秋天，苏军遭遇了德国新式的“虎”式坦克，这种坦克的装甲若非在极近的距离下被苏联T-34和KV-1的76.2毫米坦克炮击中，否则很难被击毁。到了1943年春季，苏联又收到了德国另一款新式坦克（“豹”式坦克）的情报。这些新一代的德军坦克促使苏军必须拥有更具威力的反坦克武器才行。

1943年5月，苏联开始进行设计新型反坦克炮和重新设计SU-122武装的工作。开发时，设计人员尝试将重型的85毫米防空炮作为反坦克用途，经过测试后认为其非常适合用来对付“虎”式坦克。换装了火炮的SU-122被命名为SU-85，随后开始批量生产。

SU-85自行反坦克炮正在高速行驶

作战性能

SU-85可携带48发炮弹，还有1500发乘员使用的冲锋枪子弹、24枚F-1型手榴弹以及5枚反坦克手榴弹。其发动机、传动装置以及大量其他部件都是和T-34/76坦克通用的，这对于乘员掌握新车使用很方便。最初的SU-85安装有车长的装甲舱盖，后来改成了一个标准的车长指挥塔。后期的型号还改进了观测装置，乘员可以全方位观测。

实战表现

1943年9月，苏军在强渡第聂伯河战役中首次使用了SU-85，良好的性能使其在苏军中十分受欢迎。1944年夏季攻势中，苏军装备SU-85的第1021自行火炮团摧毁了100多辆德军坦克。近卫第1坦克集团军的一名指挥官在报告中说：“新的自行反坦克炮在整个战役中对我们的装甲部队进攻起到了关键性的作用，对敌军坦克构成了巨大的威胁。它们拥有良好的装甲防护，装备的火炮可以远距离杀伤目标。同时，新的自行反坦克炮在防御中也表现出色。”

SU-85自行反坦克炮在城区行军

SU-100自行反坦克炮

长度	9.45米	重量	31.6吨
宽度	3米	最大速度	48千米/小时
高度	2.25米	最大行程	320千米

SU-100是苏联在二战中后期研制的自行反坦克炮，在战争后期被苏军大量使用。

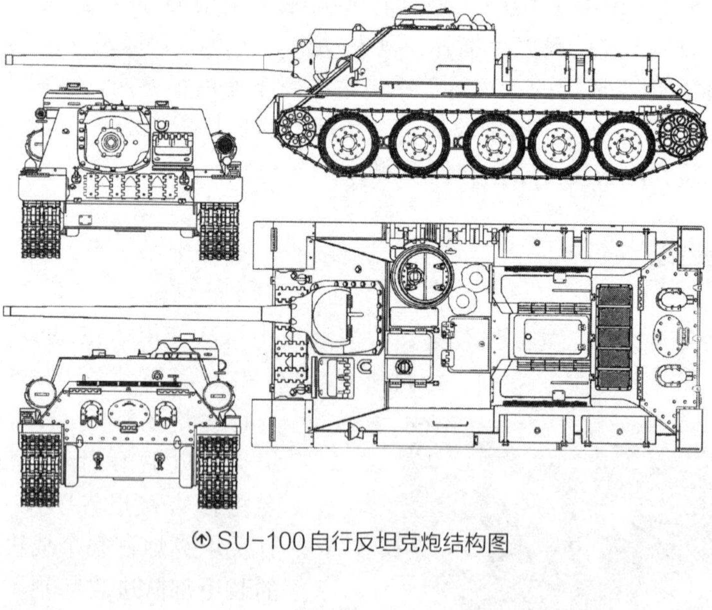

↑ SU-100自行反坦克炮结构图

研制背景

1943年12月28日，苏联坦克工业部要求乌拉尔马许（Uralmash）工厂设计一种基于T-34坦克、装备100毫米S-34火炮的新型自行反坦克炮。根据这道命令，将T-34改变焊接和装配结构，并使用扭杆悬挂装置，由于扩大了内舱，导致全重增加了3.5吨。尽管如此，火炮设计中心仍然坚持应装备S-34炮。之后，乌拉尔马许工厂设计了一种新型的100毫米坦克炮，基本型号定名为D-10，坦克型的为D-10T而自行火炮型的为D-10S，这两种型号仅有很小的区别。D-10要比S-34轻而且可以不需要很大的改动就安装在外部车体上。

1944年3月3日，装备D-10的新型自行反坦克炮通过了工厂的一系列测试（包括30次试射以及150千米的行程）。之后，又经过政府检验，从1944年3月9日至27日，进行了1040次射击试验以及864千米的行程测试，新车被定型为SU-100并被指定大量生产。然而火炮设计中心依然坚持安装S-34炮，最后在S-34火炮结构上稍做改动的一种型号被称为SU-100-2型。这两种试验型在1944年6月24日至28日进行了比较测试，结果SU-100被认为更成功。1944年12月，SU-100取代了SU-85M进入批量生产。

保存至今的SU-100自行反坦克炮

SU-100自行反坦克炮侧面视角

作战性能

SU-100的车体取自SU-85，它的前装甲从45毫米增加到75毫米，因为这个原因，它的第一对诱导轮超载，所以弹簧的直径增加到了30～34毫

SU-100自行反坦克炮正面视角

米。新的车长指挥塔安装在车顶，还装有MK-IV观测仪，另外还安装了一对通风器便于排出车内浑浊气体。总的来说，SU-100的72%的部件和T-34通用，4%的部件取自SU-122，7.5%的部件和SU-85通用，只有16.5%的部件是新的。

由于SU-100强大的火力以及良好的机动性，它可以在很远的距离上击穿德军坦克的前装甲。它的穿甲弹可以在2000米的距离上垂直击穿125毫米的装甲，1000米的距离上它几乎可以将所有型号的德军坦克和装甲车辆摧毁。这种火炮的射速为每分钟5～6发。SU-100具有一个经典的设计，前部有1个安装有D-10S炮的战斗隔室，发动机和传动系统则在后部有1个专门的隔室。传动室内有2个油箱和1对空气过滤器。坦克控制、火力、弹药、无线电以及前部油箱都被安置在战斗室内，驾驶装置完全取自T-34。

实战表现

1944年12月，一些苏军的自行火炮团和旅开始装备SU-100。每个团装备4组，每组5辆，其中1辆SU-100/T-34为指挥车。而1个自行火炮旅则装备有65辆SU-100。1945年1月8日，SU-100首次在匈牙利参加战斗。1945年3月，在德军臭名昭著的巴拉顿湖反击中，SU-100被苏军大量使用。SU-100在苏军中一直服役到20世纪70年代，华约组织以及亚洲、非洲和拉丁美洲的很多国家的军队都装备过SU-100。二战后，SU-100在中东战争、安哥拉冲突中都被使用过。

⊕ 正在行驶中的SU-100自行反坦克炮

BM-13自行火箭炮

长度	7.5米	重量	5730千克
宽度	2.3米	最大速度	50千米/小时
高度	3.19米	最大行程	180千米

BM-13火箭炮是苏联于20世纪30年代研制的自行火箭炮，昵称“喀秋莎”（Katyusha）。这是二战中最为著名的火箭炮，在苏德战争中发挥了巨大作用。

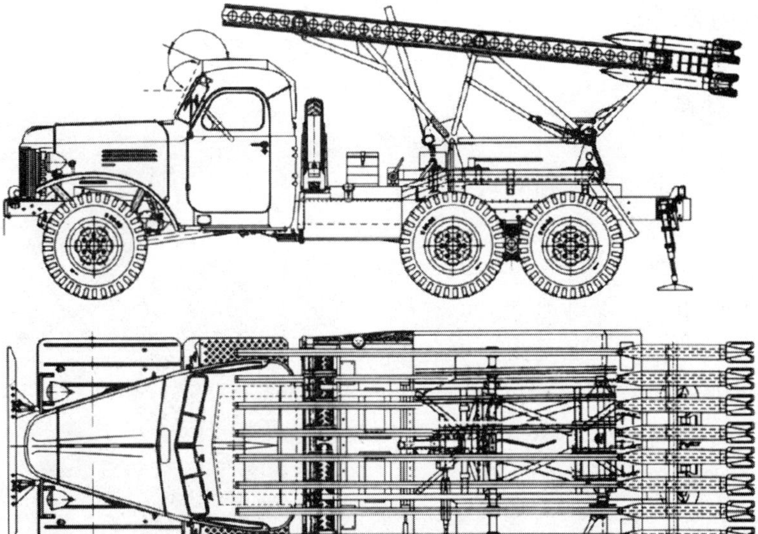

↑ BM-13自行火箭炮结构图

研制背景

⊕ BM-13自行火箭炮参加阅兵式

1933年，苏联成立火箭研究所，研制陆军和空军使用的火箭弹。1938年，苏军的歼击机、强击机、轰炸机装备了82毫米和132毫米航空火箭弹。1938年，火箭研究所改为苏联弹药人民委员会第3研究所，除航空火箭弹和多管火箭炮外，也研制喷气发动机、海军火箭、防空火箭等。但一直到苏德战争爆发，由于技术队伍有限，试验和生产基础薄弱，仅仅成功研制了航空火箭，其余武器项目均未取得结果。

1937～1938年，第3研究所多位领导因故入狱，苏军高层对火箭武器也缺乏长远规划。1938年，BM-13火箭炮在第3研究所的劳动竞赛背景下，由科技人员提出方案并研制成功。1939年12月，BM-13火箭炮通过了靶场实弹试验，但由于苏军高层的意见分歧，BM-13火箭炮未能服役。直到苏德战争爆发后，BM-13火箭炮才逐渐被苏军采用。由于当时火箭炮这种新型武器是严格保密的，苏军士兵也不知道它的正式名称，就根据发射架上的出厂标记“K”将其称为“喀秋莎”（苏联女性的爱称），德军则称之为“斯大林的管风琴”。

作战性能

BM-13火箭炮是一种多轨道的自行火箭炮，由汽车部分和发射部分组成。发射部分由滑轨床、炮架、回转盘、底架、瞄准装置、发射装置等组成。在发射前，火箭弹是用定向钮嵌在滑轨槽的定向沟内。火箭弹的战斗部分的弹体内是梯恩梯（TNT）炸药。药筒部分是由七根管状发射药筒组成，汽车驾驶室内装有发射装置的发火转轮。

⊕ BM-13自行火箭炮正在装弹

BM-13火箭炮的滑轨床共有8条发射滑轨，每条滑轨上下各悬挂一枚火箭弹，可发射口径为132毫米的火箭弹16发，既可单射，也可部分连射，或者一次齐射。火箭弹的战斗部分的弹体内是TNT炸药，由于在发射时所承受的过载和应力远低于身管火炮，所以火箭弹的炸药装填系数高于普通炮弹，因而1枚132毫米火箭弹的爆炸威力和1枚152毫米榴弹相当。

⊙损毁的BM-13自行火箭炮

相较于其他的火炮，BM-13火箭炮能迅速地将大量的炸药倾泻于目标地，但其准确度较低且装弹时间较长。装填一次齐射的弹药约需5～10分钟，一次齐射仅需7～10秒。BM-13火箭炮射击火力凶猛，杀伤范围大，是一种大面积消灭敌人密集部队、压制敌人火力配系和摧毁敌人防御工事的有效武器。此外，BM-13火箭炮价格低廉、易于生产，也是它被广泛使用的重要原因。

⊙BM-13自行火箭炮集群作战

SU-152自行榴弹炮

长度	8.95米	重量	45.5吨
宽度	3.25米	最大速度	43千米/小时
高度	2.45米	最大行程	330千米

SU-152是苏联于1943年生产的重型自行榴弹炮，主要用于提供直接火力支援或远程炮兵支援。

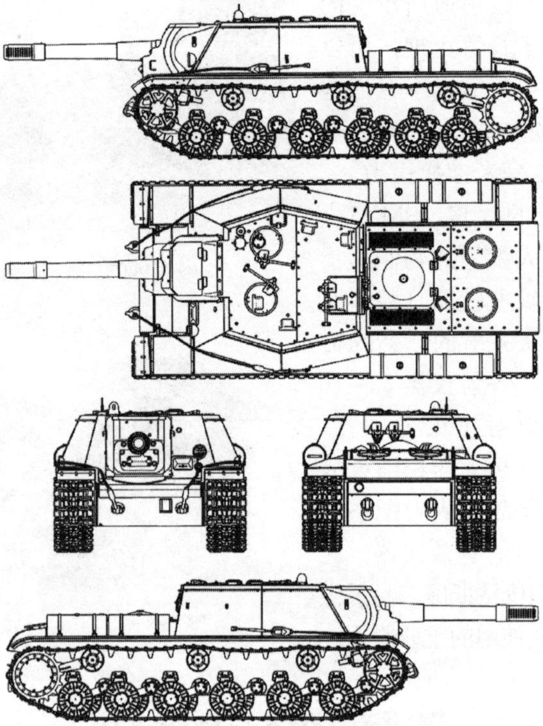

SU-52自行榴弹炮结构图

研制背景

与KV-2重型坦克一样，SU-152的原本设计目的是为前线部队提供强大火力支援，对付敌方堡垒等防御工事。1942年11月，国防委员会下令发展安装152毫米ML-20榴弹炮的重型自行榴弹炮。1942年12月，有设计师提出初步设计，计划在KV-1S坦克的底盘上安装此型榴弹炮。此设计使用与KV-1坦克相同的发动机和变速器，可以大大简化生产并降低成本。整个开发项目被命名为“KV-14”，1943年1月产出原型车，然后进行国家测试。1943年2月14日，国防委员会接受了新开发的SU-152，指令马上投入量产，量产时对原设计进行了一些小修改。

SU-152自行榴弹炮侧前方视角

1943年底，因为KV系列坦克及其底盘停产，SU-152停止生产。当时已生产出约710辆SU-152。

作战性能

SU-152采用与其他苏联自行火炮（如SU-122、SU-85）相似的设计，乘员作战舱被装甲板包覆，前装甲倾斜以增强防护。驾驶员坐在车身左方，其前方的装甲上开有窥视孔，但由于炮盾太大而影响视野。全车有3个可供乘员进出的舱门，位于车顶。152毫米ML-20榴弹炮安装在车身中间偏右方，可水平移动12度。

SU-152安装的152毫米ML-20榴弹炮

SU-152作为突击炮被用于提供直接火力支援或远程炮兵支援，152毫米ML-20榴弹炮对堡垒、步兵阵地和装甲目标有良好效果。虽然原本并非用作反坦克作战，但后期也活跃于反坦克作战中，通常采取埋伏战术，以免遭受德军精准炮火射击。152毫米ML-20榴弹炮可发射穿甲弹、高爆弹及高爆反坦克弹。除了直接贯穿装甲，杀伤敌方装甲外，大威力的高爆弹可以震伤敌方装甲兵，并使坦克内部零件松动。

实战表现

SU-152首次参加的作战是库尔斯克战役。SU-152成功击毁德军的“虎”式坦克、“豹”式坦克，甚至“象”式坦克歼击车（因高爆弹并没有贯穿，

SU-152自行榴弹炮在野外作战

SU-152自行榴弹炮隐藏在树林中

被击毁的大部分“象”式被回收并修好）。因此，SU-152被苏联媒体宣传为“动物猎人”。不过，媒体宣传与实际战果出入较大。实际上，SU-152的榴弹由于弹头与装药分离，而两者都非常重，所以装填时间很长。乘员作战舱被装甲板包覆，通风装置效能一般，车内空气混浊。SU-152装甲不能抵御“虎”式及“豹”式坦克的火炮，近战时前线部队损失较大。后来，更可靠、装甲更厚的ISU-152取代了SU-152的位置，但在战争中幸存的SU-152一直服役到二战结束。

ISU-152自行突击炮

长度	9.18米	重量	47.3吨
宽度	3.07米	最大速度	37千米/小时
高度	2.48米	最大行程	220千米

ISU-152是二战期间苏联在IS系列重型坦克基础上改进而来的自行突击炮，二战后还被出口到多个国家。

研制背景

二战中后期，为了在战役中摧毁德军的坚固防御工事和新式重型坦克，苏军决定发展威力强大的自行火炮。SU-152的成功使苏联坦克设计师们决定再设计一种基于新型IS坦克底盘的自行突击炮，这个设计

保存至今的ISU-152自行突击炮

方案被命名为“241项目”。新的自行突击炮看上去和它的前辈SU-152很相似，尽管新车具有更高的隔舱，其内部容量却和SU-152没有区别，所以它们都只能装备20发炮弹。两种突击炮都安装了相同的火炮，即152毫米ML-20S榴弹炮。1943年夏季，“241项目”正式上报苏联最高国防委员会，很快被批准生产并装备苏军部队，并命名为ISU-152自行突击炮。

ISU-152自行突击炮主炮特写

作战性能

ISU-152共由5名乘员操作，但减少一名装填手后，该车辆也能正常工作。相比SU-152来说，ISU-152的悬挂装置更低，前装甲更厚，并且加装了1个重型双片炮盾。其速度可达37千米/小时。虽然其主炮射速较低，但是可以在任意距离上摧毁德军的“虎”式坦克。

实战表现

苏军通常会将ISU-152分配给独立自行火炮团使用，其任务是攻击德军的重火力点和装甲车辆为第一梯队提供火力支援。另外，ISU-152还能为步兵提供火力支援和反坦克支援。1943年底，ISU-152已经完全取代了先前的SU-152。因为在作战中的表现，很快就获得了“‘虎’式杀手”的称号。例如，1944年夏季，德军的第502重战车营被击毁的12辆“虎”式坦克就有一半是由ISU-152及其衍生型ISU-122击毁的。二战最后一年，苏军曾经将大量的ISU-152当作移动火力点来使用。二战后，ISU-152继续留在苏军中服役，

ISU-152自行突击炮侧前方视角

ISU-152自行突击炮在城区行驶

其生产一直持续到了1955年。直到20世纪70年代，苏军的ISU-152才全数退役。苏军还曾经以ISU-152为蓝本，制造了数款衍生型车辆。

ISU-122自行火炮

长度	9.85米	重量	45.5吨
宽度	3.07米	最大速度	37千米/小时
高度	2.48米	最大行程	220千米

ISU-122是苏联在ISU-152基础上换装主炮改进而成的自行火炮，具有出色的作战能力。

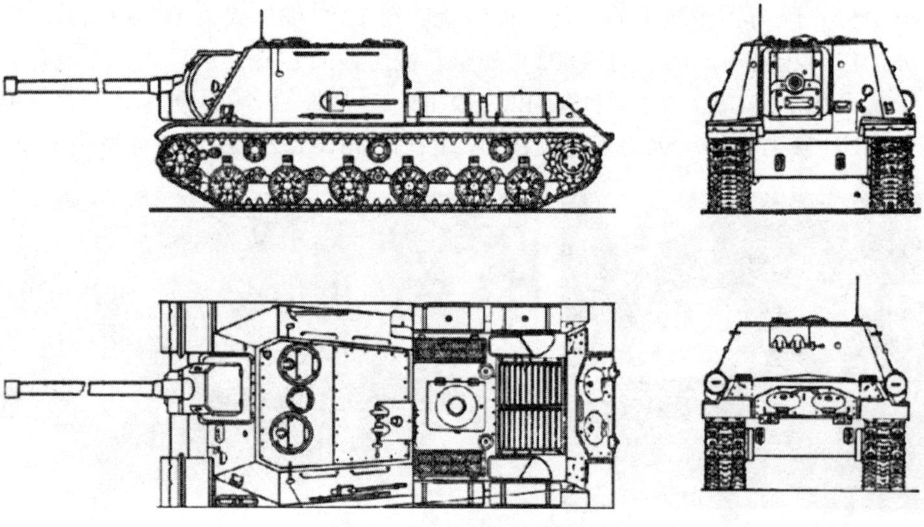

⬆ISU-122自行火炮结构图

研制背景

在ISU-152开始批量生产后不久，苏军就遇到了一个问题——因为苏联火炮工厂的生产力问题，无法为车里雅宾斯克制造厂提供足够多的供ISU-152使用的152毫米火炮。有鉴于此，苏军要求中央设计局的两个设计组研究是否能将ISU-152的152毫米火炮更换为长身管型的122毫米A-19火炮。经过测试以后，设计组认为这完全可行。因为152毫米ML-20火炮和122毫米A-19火炮的炮架完全相同，在ISU-152上安装122毫米火炮基本上不需要进行大的改造。这种安装122毫米主炮的ISU-152自行突击炮被称作ISU-122。

1943年12月，第一辆ISU-122交付部队使用。1944年，苏军还为ISU-122换装上了火力更强的122毫米D-25S式火炮，同时，还换装了新的炮盾，并扩大了乘员舱。苏军将安装D-25S式火炮的ISU-122坦克称为ISU-122-2。

博物馆中的ISU-122自行火炮

作战性能

相比ISU-152来说，ISU-122的反坦克能力要好得多，这使它成为苏军中一款很受欢迎的自行火炮。ISU-152安装的152毫米ML-20火炮因为炮弹太重，造成了炮口初速度低，使得其反坦克能力相比ISU-122所安装的122毫米长身管型火炮较为平庸。ML-20火炮可以在1000米的距离外击穿120毫米的装甲，而122毫米长身管型火炮则可以在同样的距离外击穿160毫米的装甲。

ISU-122自行火炮在乡村作战

二战期间服役的ISU-122自行火炮

ZSU-37自行防空炮

长度	5.25米	重量	11.5吨
宽度	2.75米	最大速度	45千米/小时
高度	2.18米	最大行程	360千米

ZSU-37是苏联在二战后期研制的自行防空炮，战争期间的生产数量较少，因此也没有突出的战果。

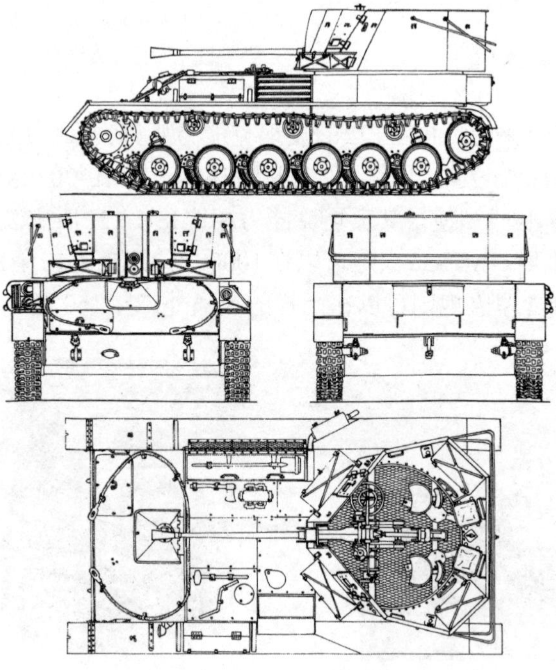

⊙ZSU-37自行防空炮结构图

研制背景

在苏德战争初期，德国空军为苏联带来史无前例的损失，因此苏军一直很重视防空炮的发展。按照苏联武装力量的统计，大约有68%的敌机是被25～37毫米小口径高射炮所击落的，因而，二战后期苏军提出要研制一种37毫米的自行防空炮。新的自行防空炮必须能在敌军轰炸机空袭时掩护己方的装甲单位，并尽可能地减少敌军轰炸机给己方装甲单位造成的损失。

1945年，以SU-76M自行火炮的车体为基础研制出ZSU-37自行防空炮，仅仅是简单地将L/63 M1939式37毫米高射炮安装在装甲战车上。ZSU是Zenitnaya Samokhodnaya Ustanovka的缩写，意为自行防空炮。ZSU-37自1944年开始生产，到战争结束时，一共生产了70辆ZSU-37，因此它的战果并不多。ZSU-37的生产直到1948年才结束，在战后所生产的ZSU-37比战争时还要多，总共生产了340辆。

ZSU-37自行防空炮参加阅兵式

作战性能

相对于苏军装备的数万辆坦克，ZSU-37无论是装备数量还是战斗性能，都不能令人满意。ZSU-37使用两台嘎斯202汽油发动机，最高越野时速只有30千米/小时，最大越野行程只有230千米。ZSU-37配备了带有体视测距功能的一体化光学瞄准镜，能够自动测距并实现半自动装表，理论射速120～130发/分钟，实际战斗射速只有50～60发/分钟，最大射高6500米。这种层次的性能对二战时期的低速螺旋桨飞机尚能发挥一定作用，但在高速喷气式战斗机已经开始大规模服役的20世纪40年代末，就有些力不从心了。

ZSU-37自行防空炮编队行驶

T-90自行防空炮

长度	4.29米	重量	9.2吨
宽度	2.32米	最大速度	45千米/小时
高度	2.04米	最大行程	360千米

二战初期，苏联缺少自行防空火炮，到1942年才采用T-60侦察坦克的底盘、配备双联装12.7毫米DshK重机枪和光学瞄准装置，制造了一种简易的自行防空武器，即T-90自行防空炮（T-90 self-propelled anti-aircraft gun）。与此同时，苏军认为现役的轻型坦克装甲薄弱、火力很弱、越野能力也较差，已经很不适合当时的战局，不能像T-34中型坦克那样发挥巨大的作用。但是轻型坦克制造简单，不需要很多复杂的大型设备，而当时苏军的T-60轻型坦

克有很多缺点，T-50轻型坦克又过于昂贵、复杂，于是又研制了T-70轻型坦克。后来因为T-70轻型坦克的投产，T-90自行防空炮就换装了T-70轻型坦克的底盘。

当时，苏联军方更倾向于ZSU-37自行防空炮，这种自行防空炮采用了SU-76的底盘，而SU-76的底盘也是用T-70轻型坦克底盘改造的。另外，ZSU-37采用了37毫米M1939 61K防空炮改造的火炮，比T-90的双联装DshK重机枪更有威力，所以T-90自行防空炮的计划就被终止了。

第4章

苏军之翼

——战机

二战时，德国对苏联发动突然袭击，苏联空军遭受重大损失。苏联统帅部决定扩建空军部队，研制和装备新型作战飞机。在整个二战中，苏联空军在大量消灭德国空军力量的同时，还大力支援陆、海军作战，为苏德战争胜利做出巨大贡献。本章主要介绍二战时期苏军使用的主要战机，包括战斗机、轰炸机和攻击机。

4.1 战斗机

I-15战斗机

长度	6.1米	空重	1012千克
翼展	9.75米	最大速度	350千米/小时
高度	2.2米	最大航程	500千米

I-15战斗机是苏联二战前夕的主力战斗机，苏军曾在诺门坎战役和苏芬战争中大量使用，苏德战争初期也仍在服役。

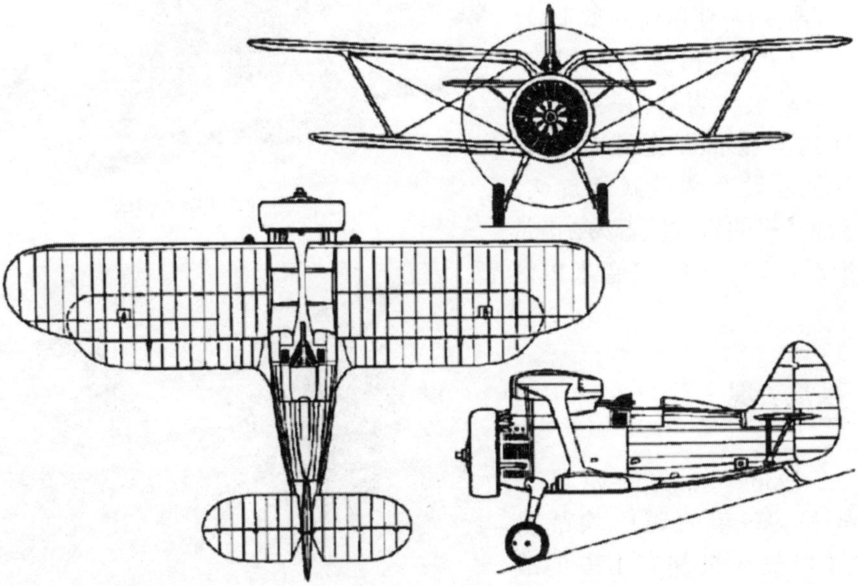

↑ I-15战斗机结构图

研制背景

苏联早年自行设计的战斗机I-5型双翼机老旧后，当时苏联最著名的飞机设计师玻利卡尔波夫开始设计一款新型战斗机。1933年10月11日，新型战斗机进行试飞，随后进入批量生产，命名为I-15战斗机。虽然I-15战斗机在当时来说也无独特之处，但与苏联早前自行研制的质量参差不齐且产量极低的I-3和I-5战斗机相比，I-15战斗机更能向外界展现苏联作为航空大国的技术和生产能力。

⊕ 苏联工程师与I-15战斗机

⊕ 现代飞行爱好者正在驾驶仿制的I-15战斗机

作战性能

I-15战斗机为单座双翼机，机身粗短，采用帆布蒙皮和木制骨架结构，与其他双翼机最明显的区别是使用海鸥型上翼。I-15战斗机使用1具9汽缸星形气冷发动机作为动力装置，有开放式座舱和固定式后三点起落架，设有两叶式螺旋桨。I-15战斗机的机载武器为2挺带同步射击装置的7.62毫米PV-1机枪。

⊕ I-15战斗机前方视角

实战表现

在1936年爆发的西班牙内战和1939年的诺门坎战役中，I-15战斗机都有不差的战果。苏芬战争中，苏方大量使

⊕ I-15战斗机在高空飞行

用I-15战斗机，并在战争中认识到此机完全过时，从而终止改良同时开发新一代的战斗机。到苏德战争初期，I-15战斗机只占苏联战斗机不足两成，在面对德军战斗机时完全不敌，但仍在美国援助的战机到达前被充当攻击机使用。

Ⓘ I-15战斗机在低空飞行

Ⓘ 苏军士兵正在检查I-15战斗机

I-16战斗机

长度	6.13米	空重	1490千克
翼展	9米	最大速度	525千米/小时
高度	3.25米	最大航程	700千米

I-16战斗机是苏联在20世纪30年代初期开发的战斗机，也是全世界第一款备有可收式起落架的下单翼悬臂式战斗机，它的出现刺激了各国研制新型战斗机的风潮。

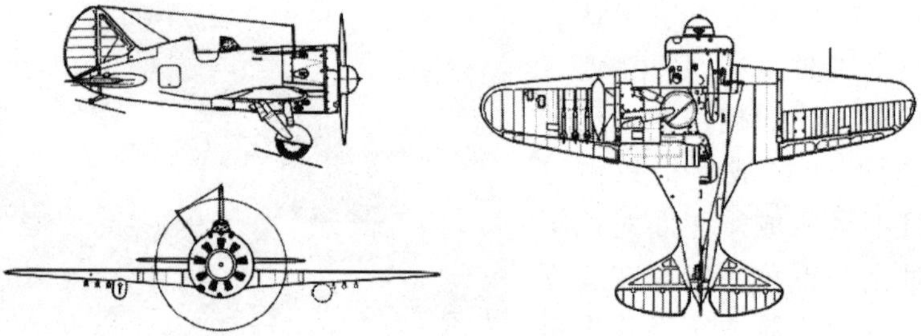

I-16战斗机结构图

研制背景

I-16战斗机教练型

1932年，苏联空军面临双翼和单翼战斗机孰优孰劣的问题，因为双翼机虽然格斗性能较佳，但速度较慢，而单翼战斗机则刚好相反，故最后决定双线发展，这就是I-15（双翼机）和I-16（单翼机）的由来。苏联于1933年开始设计I-16战斗机，1934年2月18日由著名飞行员瓦列里·契卡洛夫进行试飞。1935年，I-16战斗机在红场纪念“五一”国际劳动节的群众集会上首次露面，编队飞过红场上空。随后，I-16战斗机开始装备部队。

保存在博物馆中的I-16战斗机

作战性能

I-16战斗机是世界上第一架低单翼的硬壳结构战斗机，并率先使用收放式起落架和变距螺旋桨等新的民用飞机技术。I-16战斗机代表了两次世界大战期间空战概念的变化，兼有新旧机型的特色，如旧机型的

苏军飞行员与I-16战斗机

开放式座舱和粗短机身，但总体而言是反映了一战时的“缠斗战”思想。早期型号的机载武器为2挺7.62毫米ShKAS机枪，后期型号的火力逐渐加强，加装了20毫米ShVAK机炮、12.7毫米UBS机枪等武器。

实战表现

在1936年爆发的西班牙内战、1937年爆发的日本侵华战争以及1939年爆发的诺门坎战役，I-16战斗机都有很好的战果。苏芬战争中，因为保卫祖国的芬兰人奋力抵抗，以及新时代的空战战术思想指导，苏联军方认识到I-16战斗机及I-15战斗机开始过时，从而在改良I-16战斗机的同时开发新一代战斗机，如Yak-1战斗机、MiG-3战斗机和LaGG-3战斗机。到苏德战争初期，I-16战斗机仍占苏联战斗机约七成。即使在苏联新的主力战斗机Yak-9和La-5大量服役后，残存的I-16仍然被改造成教练机和攻击机使用，直到1943年为止。

被德国空军缴获并改装的I-16战斗机

坠毁的I-16战斗机

I-153战斗机

长度	6.17米	空重	1452千克
翼展	10米	最大速度	444千米/小时
高度	2.8米	最大航程	470千米

I-153战斗机是I-15战斗机的改良型，总产量为3437架，在1938～1945年间服役。

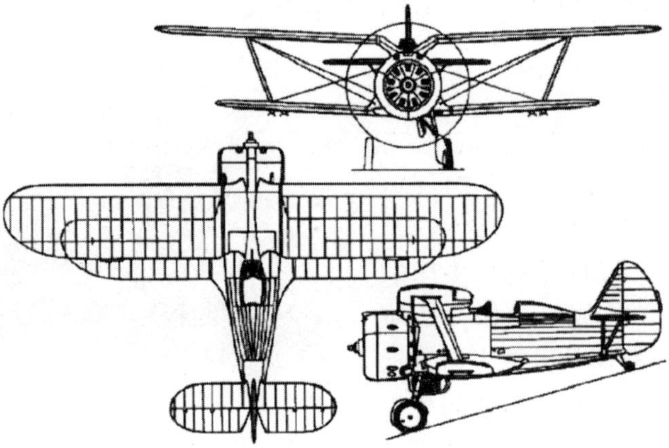

Ⓘ I–153战斗机结构图

研制背景

I-15战斗机服役后，苏联空军始终不太欢迎这种战斗机。虽然双翼海鸥型机翼提供了良好的回旋性，但由于生产技术的低劣以及速度劣于I-16战斗机，使得其评价始终不佳，不过，因为西班牙内战的操作经验使得双翼机的开发出现了一丝回光返照的迹象。因此，苏联空军要求玻利卡尔波夫设计局进行改良型双翼机的开发。改良型称为I-153，设计于1937年完成，但是新发动机的开发无法跟上飞机制造进度，因此，1938年8月试飞的一号原型机仍是用I-15所使用的M-25发动机。

1939年6月16日，装备M-62发动机的二号原型机进行首次试飞，并得到最高时速442千米、升限9800米的成绩，虽然在速度上没有太大改变，高空效能有显著改善，但也并未达到验收标准。原本设计局估计最高时速可以提升到462千米，但在测试途中发现飞机设计有着严重的结构问题，如果俯冲时速超过500千米以上，机身将会解体，因此速度提升被强制中止。另外，海鸥式机翼理论上虽然可以提升飞机性能，但驾驶员的视野却受到主翼的阻挡。尽管设计局提出了改良方案，但是I-153当时已经投入量产，苏联政府以修改设计会拖延量产的理由拒绝了日后所有的改良方案。

Ⓘ I–153战斗机侧前方视角

作战性能

I-153战斗机的机载武器为4挺7.62毫米ShKAS机枪，共装载2600发子弹。另外，可携带4枚55千克炸弹或6枚RS-82空射火箭。除了设计的缺失以外，I-153战斗机在回转时表现也不好。I-153战斗机比I-16战斗机更容易进入“尾旋”状态，而且更难以改出，因此，故意进入“尾旋”状态的行为遭到飞行单位的严格限制，直到后来才发展出一套回复操作程序，但大多数飞行员并没有熟练这套程序所需要的时间。

Ⓐ I-153战斗机侧面视角

知识链接

“尾旋”也称为螺旋，是固定翼航空器的一种非正常飞行状态，即航空器在失速的状态下，一面做向下的小半径螺旋运动，一面在机身三个轴向（滚转、俯仰和偏航）做自旋运动的飞行状态。由于这个飞行状态具有很高的下降率，所以在低空条件下如不及时改变是十分危险的。

实战表现

由于量产较迟，I-153战斗机并未军援西班牙共和政府。首次作战则是由苏联空军在1939年的诺门坎战役与日军交战。与日军当时的九七式战斗机相比，I-153战斗机的速度略低，回旋性也不如九七式。虽然具备防弹装甲，但油箱与驾驶舱间缺乏良好的防火设计，如果油箱起火，驾驶舱也会迅速遭火焰吞噬，因此，自I-153战斗机逃生的驾驶员常有严重烧伤问题。另外，M-62发动机失败的机械增压器设计使得增压器寿命仅有60～80小时，这些设

Ⓐ 被苏军遗弃的I-153战斗机

计上的瑕疵更使得I-153战斗机无法承担第一线作战任务。

苏德战争爆发后，I-153战斗机虽然因新型战斗机不足而勉强在第一线接战，但作战时会尽量避免与德机接触，并用RS-82火箭弹在远距离以“乱枪打鸟”的方式进行射击并脱离战场，但速度不足以及火箭命中率极低等因素使I-153战斗机不但折损率高，也没有任何飞行员驾驶I-153战斗机成为王牌飞行员。大多数的I-153战斗机在1943年后新型战斗机充足的情况下撤离前线战场。

Yak-1战斗机

长度	8.5米	空重	2394千克
翼展	10米	最大速度	592千米/小时
高度	2.64米	最大航程	700千米

Yak-1战斗机是苏联在二战初期最优秀的战斗机，也是苏联螺旋桨战斗机中产量最大的雅克系列的第一种型号。

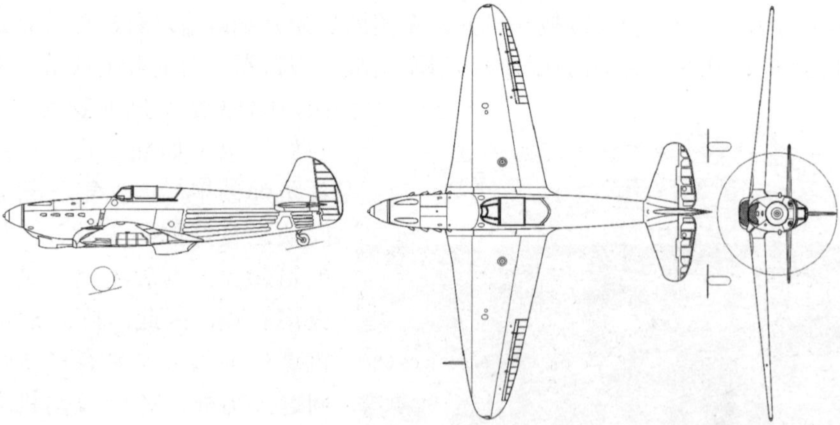

↑Yak-1战斗机结构图

研制背景

1939年，苏联在参考了西班牙内战的经验后，发觉需要有优于以前I-16的新型战斗机，要求是有流线形的外形以及可以由钢管和木材构成机体，并尽可能使用无线电通信设备。最后，新出道的设计师亚力山大·雅克列夫的设计中标。

停放在基地中的Yak-1机群

苏德战争爆发后，Yak-1战斗机成为苏联空军的中流砥柱，不只是比过时的I-15和I-16有较佳的战果，就算是与同期的LaGG-3战斗机和MiG-3战斗机相比，仍有明显优势。但在德国空军空袭破坏了众多飞机厂后，向后方撤退的新厂只能以较差的材料生产飞机，故Yak-1战斗机在1942年停产，改为生产其后继型Yak-3和Yak-9战斗机。雅克设计局还设计出Yak-5和Yak-7战斗机，但都被当作教练机的双座机型，产量也较少。

苏军士兵正在检修Yak-1战斗机

作战性能

Yak-1战斗机是一种采用液冷发动机的低单翼单发单座螺旋桨战斗机，使用后三点收放式起落架和三叶螺旋桨，与其改良型不同的地方是使用流线

停放在森林边缘的Yak-1战斗机

休整中的Yak-1战斗机编队

形而非气泡座舱。Yak-1战斗机的动力装置为一台M-105R液冷V型十二缸发动机，功率925千瓦。机载武器为1门20毫米机炮，2挺12.7毫米机枪，可挂100千克炸弹或6发空用火箭。

Yak-3战斗机

长度	8.5米	空重	2105千克
翼展	9.2米	最大速度	655千米/小时
高度	2.39米	最大航程	650千米

Yak-3战斗机是苏联在二战后期性能最好的战斗机之一，也被认为是整个二战中最灵活敏捷的战斗机，还是被改造成苏联第一种量产的喷气式战斗机Yak-15的原型。

↑Yak-3战斗机结构图

研制背景

在苏德战争初期，雅克设计局的Yak-1战斗机可说是唯一能对抗德国Bf 109E/F战斗机的苏联战斗机。在德国更新锐的Fw 190A和Bf 109G推出之后，雅克设计局也计划推出一种能够对抗任何新锐敌军机型的高性能战斗机，并以在中低空有效夺取制空权为目的，要有轻巧而能够承受各种特技动作的坚固机体，并以既有的液冷式发动机为动力。在这种设计思想指导下，Yak-3战斗机正式问世。因德国空军的轰炸以及将生产工厂设备撤退至后方等种种原因，雅克设计局优先推出与Yak-1较相近的简化版Yak-9，而Yak-3则自1944年起开始生产并投入服役。

Yak-3战斗机侧前方视角

Yak-3战斗机复制版

作战性能

Yak-3战斗机以Yak-1M战斗机作为蓝本，主要作为5000米高度以下的制空战斗机，为减少风阻而把机头下方的滑油器冷却口改设于主翼两侧根部位置，机身下方的冷却器也重新设计为更具流线形，翼展也有小幅度缩短，这使得Yak-3战斗机比Yak-1战斗机更小巧轻快。Yak-3战斗机的机载武器为1门20毫米ShVAK机炮，2挺12.7毫米UBS机枪。

Yak-3战斗机侧后方视角

飞行中的Yak-3战斗机

实战表现

Yak-3战斗机首度参战就是参加德苏库尔斯克战役，并在低空展现出极佳的飞行性能。自1944年开始，Yak-3战斗机大量装备苏联空军。同年7月14日，一队刚编成的Yak-3战斗机中队共18架，迎战30架Bf 109战斗机，一共击落15架敌机而本队无一损失。当时德国流传着“避免在5000米以下与机首无油冷器的雅克战机交战”的劝谕。直到后来苏军逐渐摸索出Yak-3战斗机的特性，才敢在低空正面交手。

⊙苏军飞行员与Yak-3战斗机

正因为Yak-3战斗机的优异表现，苏联一度曾提出持续改良发展的计划，但因为Yak-3机体的高度轻量化使得其用途过于狭小，所以苏联当局反而决定把原定提供给该机的新发动机M-107转而配置于Yak-9战斗机。

⊙Yak-3战斗机侧面视角

Yak-7战斗机

长度	8.48米	空重	2450千克
翼展	10米	最大速度	571千米/小时
高度	2.75米	最大航程	643千米

Yak-7是在Yak-1的基础上发展起来的双座教练机，1941年被改成单座战斗机。

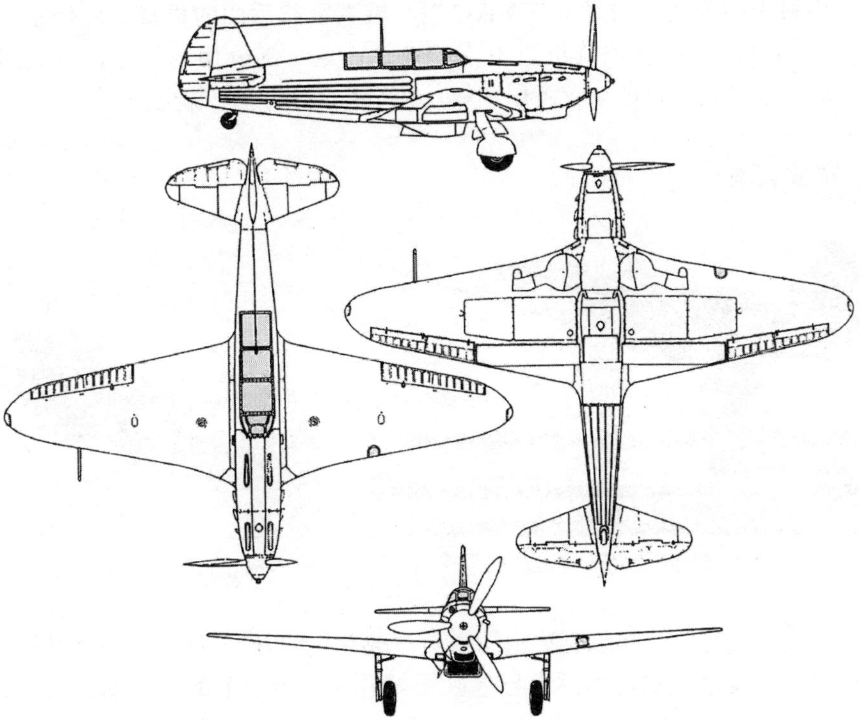

Yak-7战斗机结构图

研制背景

Yak-7是由苏联雅科夫列夫飞机设计局设计的，早期是作为教练机Yak-7UTI使用。卫国战争爆发后，为了满足前线对战斗机的迫切需要，工厂将Yak-7UTI教练机改为单座，并增加武器装备和座椅装甲，成为Yak-7战斗机。1941年底，首批Yak-7开始出厂，1942年又发展了夜间战斗机改型Yak-7A和双座教练机Yak-7B。

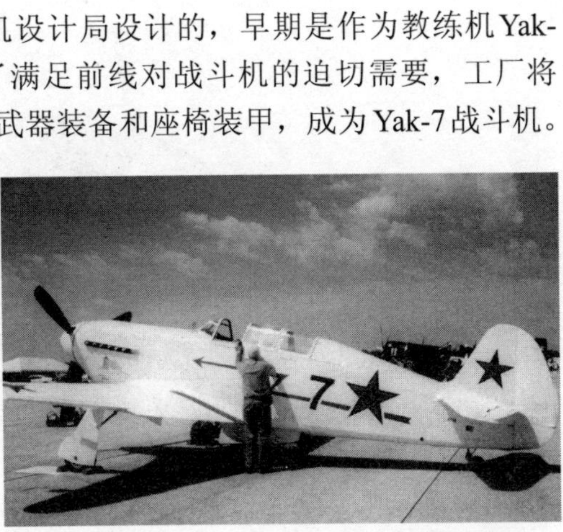

工作人员对Yak-7战斗机轮廓进行测量

除了作为战斗机外，Yak-7还不断进行变型，成为高空截击机、重装备战斗机、长距离截击机、高速前线侦察机、炮兵校射机、高级官员联络机等共18种机型，各型一共生产了6399架。

作战性能

雅科夫列夫飞机设计局在Yak-7战斗机驾驶舱后面的机身上制作了一个折叠式的空间，这是教练机留下来的设计，这一部分用途很多，可载运货物、调动部队人员，或放置备用燃料，使Yak-7的功能更加全面。

实战表现

作纪念用途的退役Yak-7战斗机

执行作战任务的Yak-7战斗机想象图

二战爆发前，苏联政府决定加紧新型战斗机的开发以应付日后德国的军事进攻，不过这一决定实际上已经晚了好几年。由于前线急需的是战斗机，因此双座的Yak-7教练型的生产不得不延后7个月之久，甚至一些已经完工的Yak-7UTI也被送到了作战部队，在驾驶舱后部加上了一台AFA-IM航空照相机执行侦察任务，而被非正式地称为Yak-7R。Yak-7的改进型还曾参加过斯大林格勒保卫战，战果非凡。

Yak-7战斗机后侧方视角

Yak-9战斗机

长度	8.55米	空重	2350千克
翼展	9.74米	最大速度	591千米/小时
高度	3米	最大航程	1360千米

Yak-9战斗机是苏联在二战后期主要的战斗机之一，其产量超过1.6万架，为Yak-1以来全系列产量最大的型号。

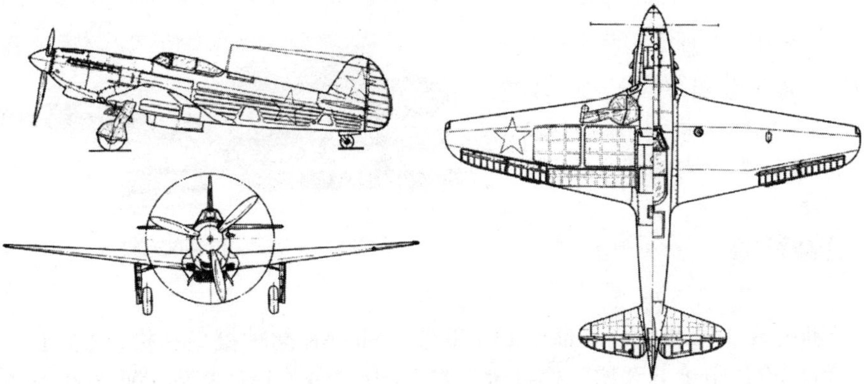

⊕Yak-9战斗机三视图

研制背景

在苏德战争初期，Yak-1的表现远优于当时苏联空军的主力I-16战斗机，成为唯一能够和Bf 109E/F型对抗的机型。但因为苏联飞行员的经验普遍不如德军飞行员，而且在不久后Fw 190投入战斗和Bf 109G型的出现，使德方再度获得战斗机的性能优势。此外，很多炼铝厂和飞机用发动机工厂遭德军破坏或被逼后撤，难以获得大量铝材和生产新型液冷发动机，迫使雅克设计局转而发展多种新机型，其中，最先进的Yak-3虽然采用最先进的全铝结构，而且使用新式发动机，以适应前线需要高加速性的作战环境，但却缺乏铝材和足够的Bk-107型发动机；而另一种新型的Yak-7原本规划拟作为战斗轰炸任务为主的重战斗机，同样因为发动机功率不足，因而使得两种发展型的量产被迫推迟。

Yak-9战斗机侧前方视角

最后，雅克设计局决定发展Yak-7轻量化的纯空优战斗机型方案，使用Yak-1现用M-105发动机的改良型M-105PF。采用钢管骨架和帆布为主结构的机体，配合木制机翼结构，取得了强度和重量的平衡点，也在维持性能的前提下，最大限度地减少生产和维修所需要的人力和资源。因此，能够把较低功率发动机和空气动力设计发挥到极致的Yak-9，反而优先投产，并成为主力的战斗机型。

基地中的Yak-9机群

Yak-9战斗机侧前方视角

作战性能

Yak-9战斗机的机载武器是1门20毫米ShVAK同轴机炮和机首1挺12.7毫米UBS机枪。由于苏联增压器技术不足，因此Yak-9设计目标主要为在中低空对抗德军主力战斗机。除了担任空优任务外，雅克设计局也持续改良此机，使它可以挂载炸弹执行对地支援任务。例如，可在机身内挂载炸弹的Yak-9B，或换装37毫米与45毫米机炮，执行对地攻击任务的Yak-9T、Yak-9TK。此外，也有增设机内油箱以延伸续航距离的Yak-9DD，战术侦察型的Yak-9P（机背上有一处透明框罩），以及战后生产的全金属材质的Yak-9U系列。

实战表现

Yak-9战斗机凭借低廉造价成本与材料形成的数量优势，在1942年底开始服役，并逐渐在东线战场取得和德方空中优势的平衡，也取代其前身

Yak-1和更早期的I-16成为新锐的主力机种。但因为面对实战经验丰富的德国飞行员，Yak-9战斗机损失依然较大，直到苏军飞行员们逐步累积经验后，苏联空军才逐渐在战斗中削弱德国空军并取得制空权。

Yak-9战斗机编队飞行

LaGG-1战斗机

长度	8.81米	空重	2478千克
翼展	9.8米	最大速度	605千米/小时
翼面积	17.5米	最大航程	556千米

LaGG-1是苏联拉沃契金设计局设计的第一种战斗机，该设计局原本只是一家木制家具厂，但由于具备木材加工技术而当时苏联飞机仍普遍采用木制，故被改成飞机设计局。

研制背景

LaGG-1于1939年3月30日完成了第一次试飞，并于1940年开始生产，共计生产100架。由于当时拉沃契金设计局有拉沃契金（Lavochkin）、戈尔布诺夫（Gorbunov）和古德科夫（Gudkov）三名飞机工程师，LaGG-1战斗机正是他们三人联手设计，所以在其名称里都加上了他们的名字缩写“LaGG”。

LaGG-1 战斗机后侧方视角

作战性能

LaGG-1战斗机机身主要为木制，机翼为木质两段式结构，操纵翼面为金属骨架再披上帆布，蒙皮为产自西伯利亚的桦木胶合板，油箱充入惰性气体以保证其安全性，该机武器装备为机头两支7.62毫米口径的ShKAS机枪和螺旋桨罩的一支20毫米口径ShVAK机炮。

LaGG-1 战斗机侧方视角

实战表现

LaGG-1战斗机并没有参与到1940年冬天和芬兰的战争，服役后因机动性和爬升率不理想，故改为生产其改良型LaGG-3战斗机，而德苏战争开始时仍有两个航空队使用LaGG-1战斗机。

LaGG-1 战斗机改良型

LaGG-3战斗机

长度	8.81米	空重	2205千克
翼展	9.8米	最大速度	575千米/小时
高度	2.54米	最大航程	1000千米

LaGG-3战斗机是苏联在二战中生产和使用的一种单座单发活塞战斗机，它和雅克设计局的Yak-1以及米高扬设计局的MiG-3战斗机一起，在战争爆发后逐步取代老式的I-15和I-16成为苏联空军战斗机部队的主要作战机型。

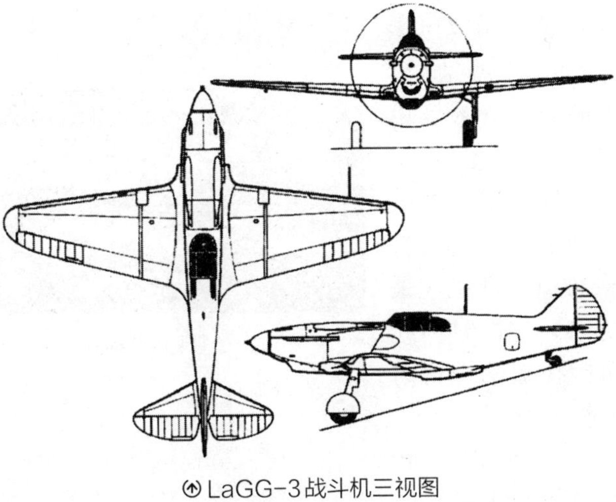

⊕ LaGG-3战斗机三视图

研制背景

按照苏联军方的要求，拉沃契金设计局顺利地完成了LaGG-1战斗机的设计工作。不过，到了原型机试飞的时候，空军忽然将对航程的要求从800千米提高到1000千米。为此，拉沃契金设计局不得不修改了原先的设计，改进后的原型机也就成了LaGG-3。该战斗机以它的设计者拉沃契金、戈尔布诺夫和古德科夫的名字命名。苏联飞机设计师在LaGG-3的整个生产过程中一直对其进行改良，因此，各个生产序列的飞机在细节上会有小小的不同。LaGG-3的总产量为6528架，共分为66个生产批次。后期型号的操纵性能有了很大的改善，其中的第66系列一直使用到1945年。

LaGG-3战斗机侧前方视角

LaGG-3战斗机在雪地降落

作战性能

LaGG-3战斗机的机载武器为1门20 毫米ShVAK机炮和2挺12.7毫米BS机枪，还可以携带6枚RS-82或RS-132无 制 导火箭弹。与其他的苏联战斗机比较，LaGG-3的主要优点在于机体结构坚固，早期型号的火力也较强。当被炮弹击中时，LaGG-3并不像雅克战斗机（采用钢管蒙布结构）那样容易起火，但木质结构在遭受损伤时更容易碎裂解体。

坠毁的LaGG-3战斗机

LaGG-3主要的问题是相对于笨重的木质机身来说，发动机的功率明显不足，但苏联一时间又拿不出比克里莫夫M-105功率更大的液冷发动机。为此，设计人员在LaGG-3的生产过程中不断试图减轻飞机的重量来改善性能，包括减少飞

飞行员正在欣赏LaGG-3战斗机上的图案

机上的武装。此外，在后期生产的机型上还安装了前缘襟翼以提高飞机的机动性能。但对于LaGG-3主要的对手Me 109F来说，这些改进仍然不足以改变LaGG-3在空战中所处的劣势地位，苏军飞行员普遍对LaGG-3的操纵性能不满意。

La-5战斗机

长度	8.67米	空重	2605千克
翼展	9.8米	最大速度	648千米/小时
高度	2.54米	最大航程	765千米

La-5战斗机是苏联在二战中后期的主力战斗机之一，还被认为是苏联当时综合表现最优秀的战斗机。

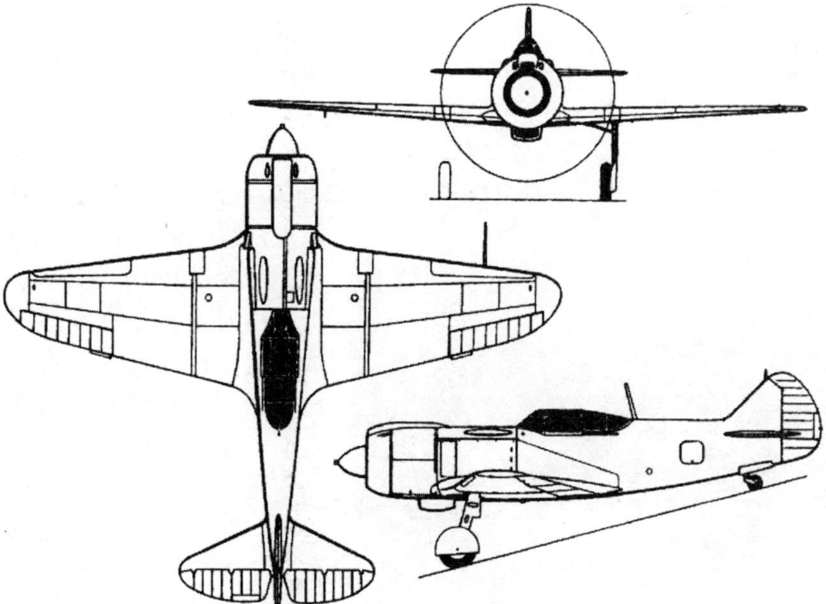

↑La-5战斗机三视图

研制背景

苏德战争爆发后，虽然LaGG-3战斗机表现不出众，但其有当时苏联其他较新的战斗机（如Yak-1）所没有的高防弹和抗毁性能。不过，LaGG-3战斗机存在液冷式发动机功率不足的问题。为了彻底解决马力不足的问题，拉沃契金等人试验性地为LaGG-3装上了1820匹马力的M-82星型气冷发动机，而这一改型最终演化为成功的La-5战斗机。因为拉沃契金的搭档离开了设计局，所以此机才被单独命名为La-5战斗机。La-5战斗机从1942年开始生产，总产量达到1万架左右。

↑停放在城市废墟中的La-5战斗机

↑保存在莫斯科的La-5战斗机

作战性能

La-5战斗机的结构很像LaGG-3战斗机，以木结构为主，并以苯酚-甲醛树脂填充。该机是一种单座单发式螺旋桨战斗机，最大特色是首创了前缘襟翼的构造，使用后三点式收放式起落架，配三叶式螺旋桨和气泡式座舱，有外露式的无线电天线。早期的La-5战斗机前机身上方有2门20毫米ShVAK机炮，载弹量200发。另外，机翼下可挂载200千克炸弹。

↑La-5战斗机在高空飞行

相对于另一苏联战时主力战斗机Yak-9因受制于任务性质而毁誉参半的评价，或专司格斗而用途过狭的Yak-3型，除了超短航程与备弹较少的传统缺点外，相对较均衡的La-5战斗机几乎是一面倒地受到实战部队的欢迎。

⊕厂房中的La-5战斗机

⊕La-5战斗机侧前方视角

La-7战斗机

长度	8.6米	空重	3315千克
翼展	9.8米	最大速度	661千米/小时
高度	2.54米	最大航程	665千米

La-7战斗机是二战中苏联空军最实用的战斗机之一，由La-5战斗机改良而来。其速度快、火力强，是打击德国空军的重要力量。

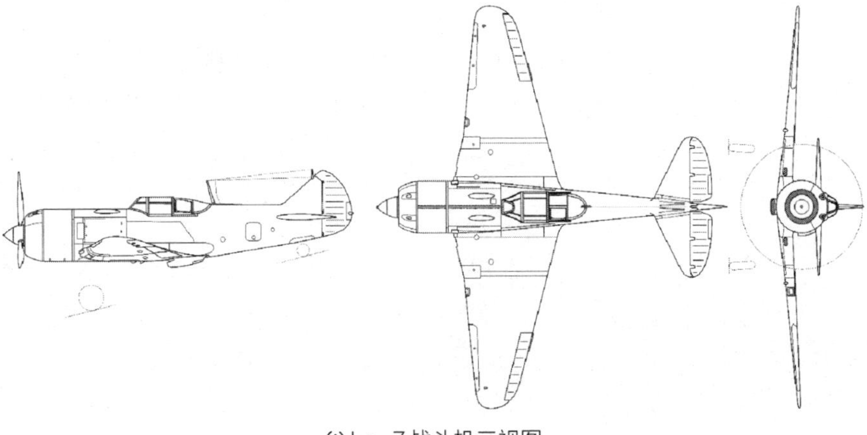

⊕La-7战斗机三视图

作战性能

La-7的主要结构仍是木材，机身主梁和各舱段隔板为松木，蒙皮为薄胶合板和多层高密度织物压制而成，厚度由机头至机尾为6.8毫米至3.5毫米，其强度要比La-5强。机头由于要镶上发动机和弹药舱等，故采用铬钼合金钢管焊接的支架。驾驶舱也采用金属钢管焊接的支架结构。座舱玻璃为厚55毫米的有机玻璃，必要时可以拉动推杆把座舱罩抛掉以便跳伞逃生。后部座舱玻璃是防弹玻璃。座椅后方有一块厚8.5毫米的钢板。主翼被分成和机身一起制造的内侧和另外制造的外侧，两个部分由金属支架连接。主翼采用金属和木材混合结构，翼梁是金属制而翼肋是木制，副翼和襟翼等控制翼面是胶合板的。主翼蒙皮和机身的一样，内有充填惰性气体的自封式燃料箱。起落架为油压式，必要时可改用压缩空气。机尾是木制的，必要时可以从机身上拆除。

⊕ La-7战斗机前方视角

⊕ La-7战斗机侧后方视角

实战表现

苏联空军第一个装备La-7战斗机的是第176近卫战斗机航空团，其指挥官是有名的空战王牌伊凡·阔日杜布，他的62个战果当中有17个就是靠La-7取得的。1944年9月初，驻立陶宛的第63近卫航空团也得到La-7，该团的La-7主要为轰炸机护航和支援地面部队前进，该团的La-7总共参加了39场空战，击落了52架Fw 190和3架Bf 109战斗机，而本身La-7则只损失了4架。

⊕ 停放在基地中的La-7战斗机

La-9战斗机

长度	8.62米	空重	2660千克
翼展	9.8米	最大速度	690千米/小时
高度	3.56米	最大航程	1730千米

La-9是二战后由拉沃契金设计局设计的苏联末代螺旋桨战斗机。

Ⓐ La-9战斗机结构图

研制背景

二战结束前，苏联拉沃契金设计局继续对La-7进行改进，1944年开始设计最后一代单座活塞式战斗机La-9。1946年6月16日，La-9原型机首飞，1946年11月投入批量生产，1947年开始装备部队。La-9战斗机属于20世纪40年代末期性能较先进的活塞式战斗机，但由于当时喷气式战斗机已开始装备部队，所以La-9仅生产了约1000架，并于1953年停产。

La-9战斗机在高空飞行

作战性能

La-9战斗机基本保持了La-7的气动布局和外形特点。主要改进是采用了全金属结构、层流翼型，武器装备为4门23毫米HP-27型机炮。但是多数情况下，La-9战斗机机身左侧的机炮会被拆除，不过机炮整流罩依旧保留。

正在起飞的La-9战斗机

La-9战斗机前侧方视角

实战表现

La-5、La-7战斗机在卫国战争中威名赫赫，并造就了一大批苏联空中英雄，为苏联培育了一批优秀的飞行人员，如：阿梅特汗、格林金、卡拉谢夫和马卡洛夫击落敌机的数量都是30架；戈洛瓦乔夫是31架，库拉金是32架，耶夫斯基格涅夫击落敌机53架，是击落敌机数量最多的。尽管La-9战斗机没有参加苏联的卫国战争，但也因此而被看作是La式系列飞机中光荣的成员。

La-9战斗机前方视角

MiG-1战斗机

长度	8.16米	空重	2602千克
翼展	10.2米	最大速度	657千米/小时
高度	2.62米	最大航程	580千米

MiG-1战斗机是苏联米格系列战斗机的第一个成员，在1940～1943年间服役。

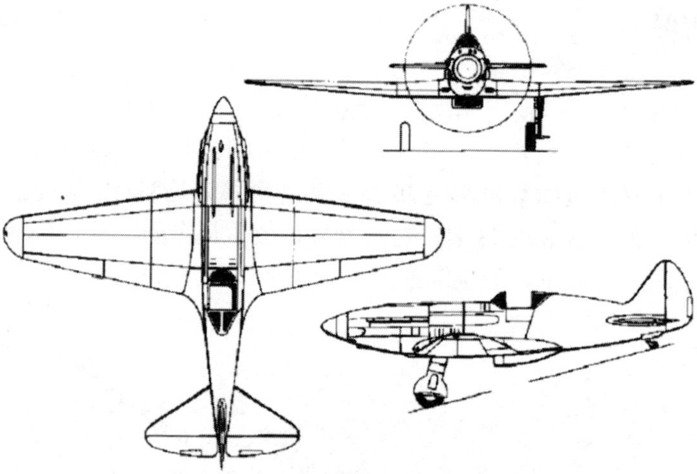

MiG-1战斗机三视图

研制背景

MiG-1战斗机侧面视角

MiG-1战斗机于1938年开始研制。当时，苏联空军根据实际需要，提出研制一种新型高速战斗机，玻利卡尔波夫设计局提出的方案赢得了广泛支持。随后，该机被赋予了I-200的研制代号。不过，该项目进展缓慢，直到1939年11月以后才在I-26战斗机的基础上开展。之后，该项目由新成立的米高扬设计局（由米高扬和格列戈维奇两人共同创立）负责研制。1940年4月5日，新型战斗机首飞，并被命名为MiG-1。试飞证明MiG-1是一款优秀的高速战斗机。值得一提的是，MiG-1在同年5月2日的试飞中达到657千米/小时的速度，打破了当时的世界纪录。由于存在不少缺陷，MiG-1的产量很少，仅有100架生产型和3架原型机。

作战性能

MiG-1战斗机侧后方视角

MiG-1的设计重点是高空高速，以细小的机身去配合那个当时算是大马力的AM-35A液冷式发动机，因此全机都好像是围绕着发动机去设计。它在6000米高空速度达到657千米/小时，原设计的目标成功达成。可是MiG-1却有着其他缺点。由于采用高翼载设计，从而导致MiG-1的机动性差，散热器在驾驶舱正下方而令驾驶舱温度过高，座舱盖设计有问题，一旦合上就不易打开，不利于飞行员跳伞逃生。MiG-1最大的问题是重心偏后，从而导致滚转率和稳定性不足。还有，由于机身较小而不可放入太多燃料还要供应大马力发动机，故MiG-1航程较短。这些各种问题令MiG-1生产量不多，很快改为生产其改良型MiG-3。

MiG-3战斗机

长度	8.25米	空重	2699千克
翼展	10.2米	最大速度	640千米/小时
高度	3.3米	最大航程	820千米

MiG-3战斗机是苏联在二战中使用的一种单座活塞式战斗机，由MiG-1战斗机改进而来。

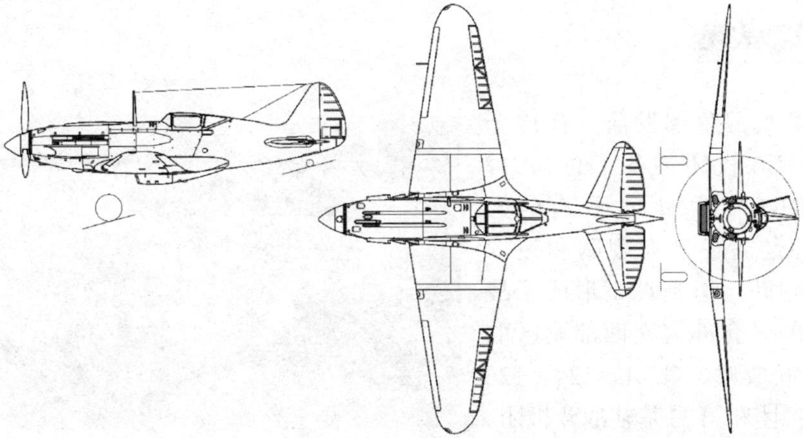

MiG-3战斗机三视图

研制背景

在MiG-1战斗机投产后，米高扬和格列戈维奇继续对其进行改进，并在苏联中央空气和流体力学研究所的T-1风洞中仔细检查了飞机的气动外形。随后又进行了大量的修改工作，如将发动机前移100毫米、将外翼段的上反角增加1度、采用新型的OP-310型散热器、在飞机内增加一个容积为250升的燃料箱、在发动机下方增加了一个润滑油箱等。改进后的飞机被命名为MiG-3战斗机，1940年12月开始生产。到1941年停产时，总生产量达3172架。

MiG-3战斗机侧前方视角

现代复制版MiG-3战斗机在航展上飞行

作战性能

MiG-3战斗机的机载武器为1挺12.7毫米UBS机枪和2挺7.62毫米ShKAS机枪，并可搭载2枚100千克炸弹或6枚直径为82毫米的RS-82非制导火箭弹。有些MiG-3为了加强火力，在机翼下方加装了2挺UBK机枪，但此举会对飞机性能带来不利的影响。

实战表现

苏德战争爆发前，有17个苏联战斗机团装备了总共917架MiG-3，此外，还有64架MiG-3装备了黑海舰队和波罗的海舰队，但是真正形成了战斗力的只有部署在西部军区的第20混成师、第41、124、126战斗机团和第23基辅战斗机团。部署在边境地区的MiG-3在战

停放在雪地上的MiG-3战斗机

争开始时损失惨重，它们成为了德国空军的第一轮打击目标。

装备有233架MiG-3的苏联空军第9混成师是苏联空军战斗力最强的部队之一，在第一天的战斗中，该师损失了全部407架战斗机中的347架，其装备的所有MiG-3全部被摧毁在地面上。苏军飞行员科科内夫驾驶一架MiG-3强行起飞，并驾机撞毁了一架德国Bf 110战斗机，这也是MiG-3在苏德战争中首次与敌机同归于尽的战例。

Pe-3战斗机

长度	12.66米	空重	5858千克
翼展	17.13米	最大速度	530千米/小时
高度	3.95米	最大航程	1500千米

Pe-3战斗机是苏联于1941年设计制造的双发重型战斗机。从被要求设计到飞机交付，佩特利亚科夫设计局仅仅用了7天时间。

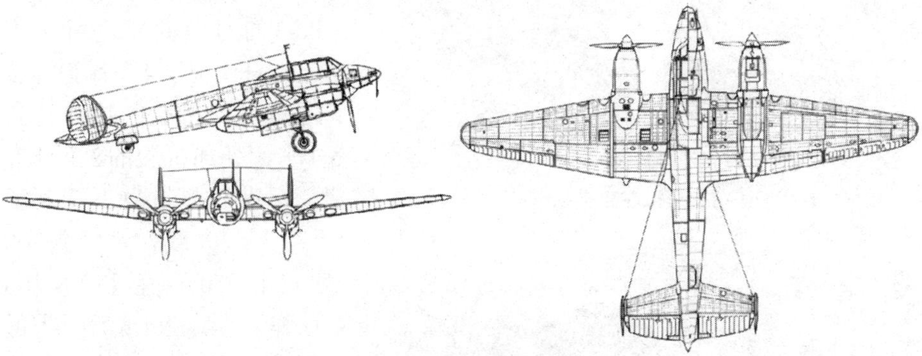

Pe-3战斗机结构图

研制背景

Pe-3战斗机侧面视角

1941年夏，苏德战争爆发，苏联空军迫切地需要一种能进行巡逻、拦截的两用战机，以便能有效对抗德军的轰炸机和侦察机。然而，随着战事的推进，为了能让前线部队迅速形成战斗力，军方决定以当前生产的机型为基础直接发展双发战斗机。老式的Pe-2轰炸机恰好符合该要求。1941年8月1日，佩特利亚科夫设计局受命研制Pe-2的战斗机版本，7天后便设计定型，命名为Pe-3战斗机。该机在1941～1944年间生产，总产量为360架。由于战事紧张，Pe-3战斗机及其配套装备几乎是刚走下生产线就立刻配装到了前线部队。

作战性能

Pe-3和Pe-2结构上最大的差异体现在机头、机腹中段和武器系统上。飞机在机身中部、弹舱和两个机枪手座舱处都添置了额外的油箱，同时，设计局也为Pe-3增加了一个副驾驶席。Pe-3在机头处安装了2挺12.7毫米别津列机枪（共备弹300发）和1挺7.62毫米施卡斯机枪（备弹450发）。另外，领航员座舱位置还有TSS-1型自卫机枪座，可搭载1挺7.62毫米施卡斯机枪，备弹450发。Pe-3还装有固定机尾炮塔，配有1挺7.62毫米施卡斯机枪（备弹250发），以便提供后方自卫火力。

Pe-3战斗机在高空飞行

Pe-3战斗机侧面视角

Pe-3的对地武器进行了大幅简化，只保留了4个炸弹挂载点：左右发动机舱的炸弹托架上各1个，外加机腹的2个外部挂架。标准载弹量也下调到了400千克，最大载弹量降到700千克（2枚250千克和2枚100千克炸弹）。考虑到日后无需再进行俯冲轰炸，Pe-2所使用的翼下俯冲减速板及配套机构也一并移除了。

4.2 轰炸机

DB-3轰炸机

长度	14.76米	空重	5800千克
翼展	21.44米	最大速度	410千米/小时
高度	4.19米	最大航程	3800千米

DB-3是苏联伊留申设计局于1936年研制的远程轰炸机。

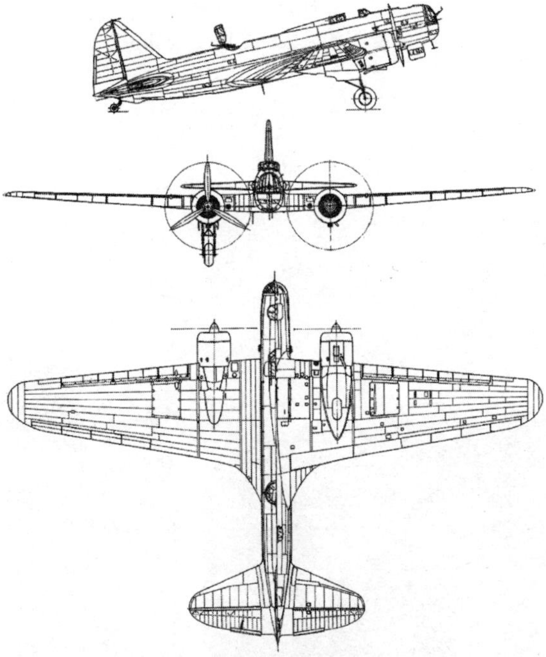

DB-3轰炸机三视图

研制背景

DB-3原型机的开发最早称为TsKB-26，在制造TsKB-26的同时，部分工程师转移到TsKB-30的建造上。TsKB-30采用了全新机身设计，但保留了TsKB-26的钢管焊接主翼设计，虽然这种设计使得制造工时增加，但是确保了机体强度，TsKB-30随后被更名为DB-3，并于1936年开始量产。原型机TsKB-30于1936年5月1日在莫斯科红场上空演示时，由试飞员柯基纳斯基操纵进行360度飞行表演，斯大林大为赞赏，该机因之得以加速投产。同年9月7日，另一架原型机TsKB-26又创下载重2000千克飞到11005米高度的纪录。1939年4月底，柯基纳斯基再度驾驶该机远航8000千米到达美国，总共飞行22小时5分，并受到美国总统罗斯福的接见。

服役于芬兰的DB-3轰炸机

作战性能

DB-3轰炸机采用全新机身设计，呈单垂尾低单翼构造后三点式起落架，新的机翼使用钢管焊接而成的U形梁，机翼翼展宽阔，内装大容量燃油箱，

DB-3轰炸机侧方视角

DB-3轰炸机后方视角

能够大大提高航程。DB-3轰炸机能够载弹2700千克，并且可以使用鱼雷。虽然机体不大，但是DB-3凭借航程较远的优势，在多次战争中频频亮相。

实战表现

DB-3轰炸机著名的作战行动是1942年8月对柏林和德国同盟国首都进行的系列空袭。从1942年8月27日起，DB-3共212次轰炸柏林，投弹51吨；9月5日、10日轰炸匈牙利首都布达佩斯；9月14日轰炸罗马尼亚首都布加勒斯特；另外，还轰炸了华沙、科尼斯堡、什切青、普洛耶什蒂等地的军事目标。这些袭击在军事上作用不大，但对于鼓舞正在和德军血战的苏联军民的士气有重大作用。

DB-3轰炸机前侧方视角

Tu-2轰炸机

长度	13.8米	空重	7601千克
翼展	18.86米	最大速度	528千米/小时
高度	4.13米	最大航程	2020千米

Tu-2轰炸机是苏联图波列夫设计局在二战中设计的中型轰炸机，原本称为ANT-50，后改称为Tu-2。

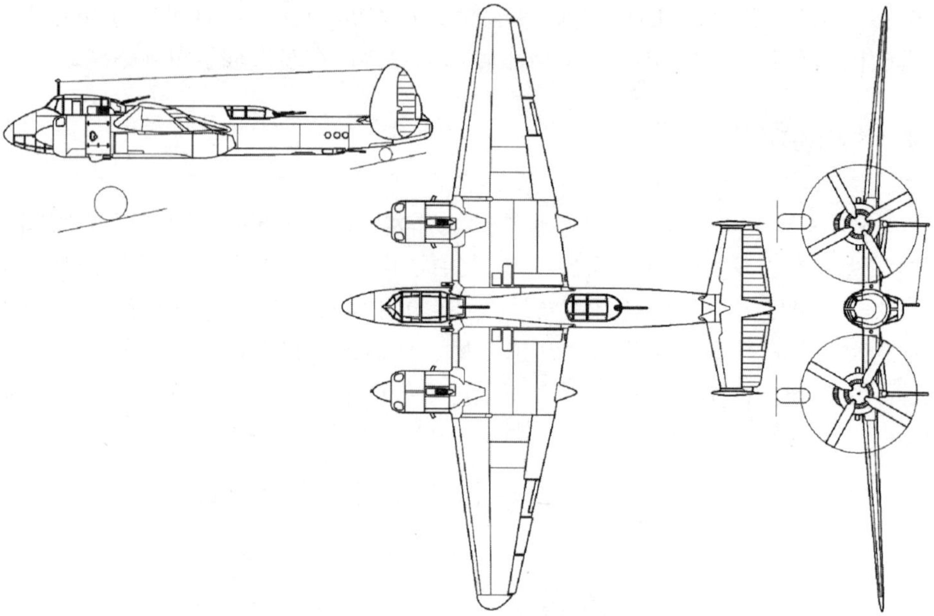

Tu-2轰炸机三视图

研制背景

工厂中的Tu-2轰炸机

1940年，苏联空军迫切需要一种新型轰炸机，以适应未来战争的需要。当时被关押在监狱里的飞机设计师安德烈·图波列夫领受了这一任务，带领一批“囚犯”工程师从1940年5月1日开始进行新型轰炸机的研制工作。不久之后，ANT-58轰炸机问世（ANT是图波列夫姓名的3个首位字母，58是他的牢房号），后被重新命名为Tu-2轰炸机。由于图波列夫的杰出贡献，1941年7月Tu-2轰炸机问世后，他被提前释放。

博物馆中的Tu-2轰炸机

Tu-2轰炸机在二战时作为苏联空军的水平轰炸机甚至俯冲轰炸机，参与了苏德战争中后期的主要战役，包括柏林攻防战。

作战性能

Tu-2轰炸机服役后成为苏军最有效的打击德军的武器。1943年起，苏军在东线夺取了制空权，德军开始遭到Tu-2轰炸机的猛烈轰炸。当时，德军的"虎"式坦克和"豹"式坦克装甲厚、火力猛，苏军坦克难以抗衡，而Tu-2轰炸机却能有效消灭这两种坦克。Tu-2轰炸机能够飞到"虎"式坦克上空，用密集的炸弹击穿"虎"式坦克的顶装甲，将其完全摧毁。值得一提的是，Tu-2轰炸机在轰炸德军地面有生目标时，在弹舱内不装炸弹，而是装88支PPSh41冲锋枪，用7.62毫米子弹形成大面积的密集的弹雨，猛烈扫射德军，因此被称为"空中喀秋莎"。

俯瞰Tu-2轰炸机

Tu-2轰炸机前方视角

基地中的Tu-2轰炸机

TB-3轰炸机

长度	24.4米	空重	11200千克
翼展	41.8米	最大速度	212千米/小时
高度	8.5米	最大航程	2000千米

TB-3轰炸机是苏联于20世纪30年代研制的重型轰炸机，在苏联空军历史上有重要作用。

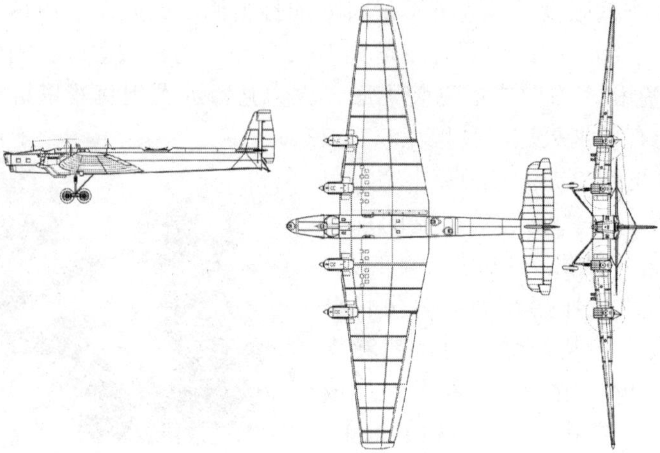

TB-3轰炸机结构图

研制背景

1930年，图波列夫开始研制TB-3轰炸机。1931年4月28日，首架预生产型的飞机试飞。1932年4月28日，首批10架TB-3在莫斯科中央机场交付部队，准备参加5月1日红场的阅兵式。4月30日发现，10架TB-3的发动机散热器均有泄漏。为不影响阅兵式，苏军在7架泄漏不是很严重的飞机上装满水罐，增加4名机械师轮班摇动手动输水泵向散热器补充冷却水，应付了次日的阅兵式。在数年后爆发的二战中，这些外形庞大的飞机显示出的作战效能无比低下，很快被迫退出第一线。不过，TB-3轰炸机在苏联空军发展史上仍具有重要的地位。

TB-3轰炸机侧前方视角

TB-3轰炸机在高空飞行

作战性能

TB-3作为全世界第一种四发下单翼重型轰炸机，在那

↑ 苏军伞兵准备登上TB-3轰炸机

个时代的航空界是超前的。该机采用平直机翼，固定式起落架，机翼蒙皮为漆布，机身蒙皮为波纹铝板。动力装置为4台Mikulin M-17F活塞发动机，单台功率为525千瓦。TB-3装有5～8挺7.62毫米DZ机枪，并可搭载2000千克炸弹。

实战表现

TB-3参加了二战前的若干局部战争：1938年苏日哈桑湖冲突；1939年哈勒欣河战役；1937年后援助中国6架，参加了抗日战争。TB-3在卫国战争中很少作为轰炸机使用，主要是作为运输机进行。1940年6月苏军在摩尔达维亚作战时，曾使用4个TB-3飞行团、170余架飞机，对比萨拉比亚地区空降了3个伞兵旅，切断罗马尼亚军队的退路。1942年1月的维亚济马空降战役是TB-3参加的最后一次作战。由于战斗机掩护不力，慢吞吞的TB-3损失严重。从此，TB-3开始退出现役。

↑ 坠毁的TB-3轰炸机

↑ 苏军伞兵从TB-3轰炸机上跳伞

Il-4轰炸机

长度	14.76米	空重	5800千克
翼展	21.44米	最大速度	410千米/小时
高度	4.82米	最大航程	3800千米

Il-4轰炸机是苏联在二战时的主力中型轰炸机，总产量超过6700架。

↑ Il-4轰炸机结构图

研制背景

Il-4轰炸机是苏联伊留申设计局在1936年投产的DB-3轰炸机基础上的一种发展型，最初的型号是DB-3M（M是M-87/M-88发动机的意思），生产不久后即改为DB-3F。1942年正式改名为Il-4。

↑ 在雪地中检修的Il-4轰炸机

↑ 苏军飞行员与Il-4轰炸机合影

作战性能

Il-4和它的前身DB-3在外形上相似，除了头部的领航员舱外。但是Il-4是一架在内部结构和制造工艺上都完全不同的飞机，钢管构架承力结构已改为机身整体承力结构，所有结构变得简单和容易制造，质量也好控制。Il-4非常可靠和坚固，经常在超过最大负荷和最大航程的条件下，深入敌人后方执行轰炸任务，是公认的二战中最好的中型轰炸机之一。除了作为轰炸机外，还作为鱼雷轰炸机、滑翔机牵引机、伞兵运输机使用。

苏军飞行员与Il-4轰炸机

实战表现

二战中，技术基础薄弱的苏联非常缺乏远程战略轰炸机，苏联空军远程航空兵不得不大量装备载弹量小、防护不足的Il-4轰炸机。苏德战争初期，Il-4轰炸机几乎是苏军唯一可用的远程空袭力量。在苏德战争爆发的第二天，苏军远程航空兵就使用Il-4轰炸机趁夜突袭了多个轴心国城市的军事目标，包括赫尔辛基和布加勒斯特等，不过因为出击规模小、指挥混乱、友军高炮误伤等因素，实际效果并不好。

Il-4轰炸机正在补给弹药

在1942年8月19日 到9月14日，苏联海军航空兵使用Il-4轰炸机对柏林、布达佩斯和布加勒斯特等轴心国首都进行了空袭，堪称Il-4轰炸机最著名的作战行动。虽然这些作战行动同样没有取得太大战果，但也很好地鼓舞了苏联军民的士气。在战争后期，随着苏军战线前移，护航战斗机的成熟，Il-4轰炸机常被用于打击德国境内战略目标，并有出色的表现。

Il-4轰炸机侧前方视角

Pe-8轰炸机

长度	23.2米	空重	18571千克
翼展	39.13米	最大速度	443千米/小时
高度	6.2米	最大航程	3700千米

Pe-8轰炸机是二战时苏联空军唯一的四发重型轰炸机，又称为TB-7或ANT-42。

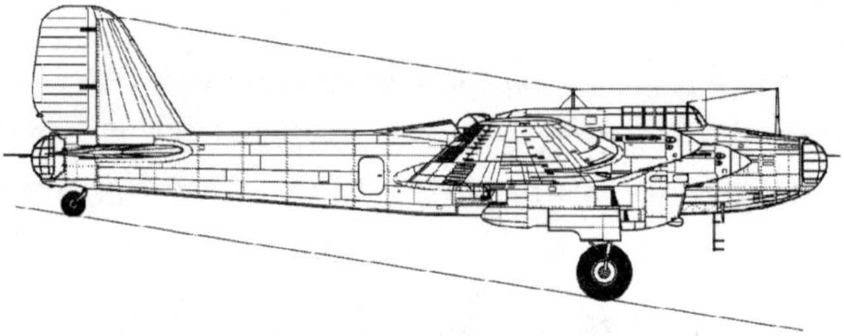

Pe-8轰炸机结构图

研制背景

Pe-8最初于1934年7月以ANT-42的代号在图波列夫设计局进行开发，后转移至佩特利亚科夫设计局进行开发，设计目标为制造一款具有高速并且可以在高空飞行的重型轰炸机，可以不需要战斗机护航独立飞行至敌军腹地进行轰炸。此时开发代号变更为TB-7，原型机于1936年12月7日在格罗莫夫试飞院完工。

苏军人员正在观察Pe-8轰炸机

由于发动机问题持续无法解决，加上机体超重问题，TB-7的研发以及生产一直不顺利，佩特利亚可夫本人甚至因为研发落后在1937年4月被关进劳改营，而安装了装甲以及相关轰炸设备的二号原型机直到1938年7月26日才进行首次试飞。几经周折后，TB-7最终于1940年5月公开展示，佩特利亚科夫在同年7月被释放回到设计局继续辅助TB-7量产。服役后的TB-7因为苏联机种编号变动而改名为Pe-8。

实战表现

以Pe-8轰炸机的技术数据而言，该机的性能与同时期欧美四发重型轰炸机接近。Pe-8轰炸机生产后仅配发在少数部队。在作战记录上，Pe-8轰炸机比较显著的战斗记录为第81远程轰炸机航空师于1941年8月11日对柏林的轰炸。这场轰炸动用了12架Pe-8轰炸机，但是因为发动机故障以及迷航等因素，最后仅有4架完成任务，轰炸宣示性大于作战实质效果。

二战后期，Pe-8轰炸机改用新型汽油发动机之后，整体性能也逐渐稳定，但是在《租借法案》援助的飞机性能皆超越Pe-8轰炸机的情况下，这款轰炸机的存在价值降低，并且在1944年春季之后退出第一线作战任务。

除了轰炸任务以外，Pe-8轰炸机于其他领域较为突出的事件是在1942年5月19日至6月13日载运苏联外交部长莫洛托夫代表团自莫斯科飞往伦敦及华盛顿特区与盟军谈判开辟第二战场的相关事宜，途中经过德国领空，没有遭遇任何阻拦。

↑ Pe-8轰炸机正在检修

Pe-2轰炸机

长度	12.66米	空重	5875千克
翼展	17.16米	最大速度	580千米/小时
高度	3.5米	最大航程	1160千米

Pe-2轰炸机是苏联在二战中研制的双发轻型轰炸机，也是二战时苏联最著名的轰炸机之一，产量高达11427架。

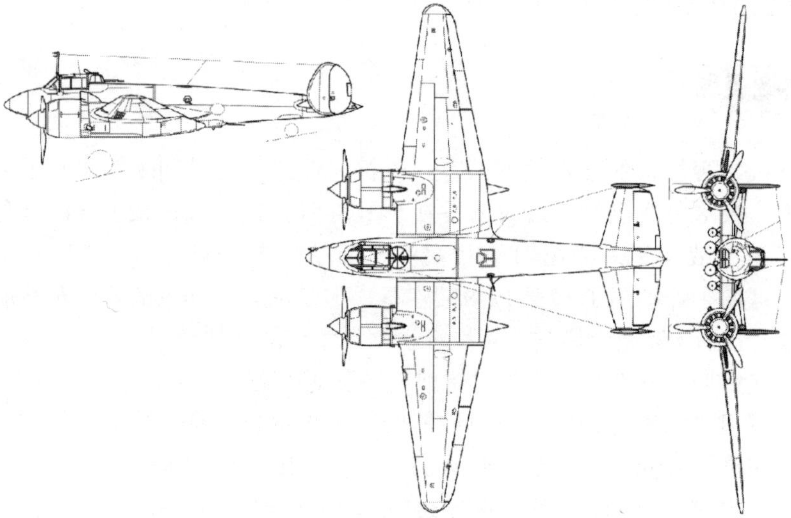

Pe-2轰炸机三视图

研制背景

1938年，佩特利亚科夫设计局在Pe-8重型轰炸机成功服役后，即着手开发一种双发双座高空重型战斗机，编号VI-100，后又修改为三座水平轻型轰炸机，又加上了一个俯冲制动器，可以兼作俯冲轰炸机。该机在1940年试飞成功，随后命名为Pe-2轰炸机并开始服役。在苏德战争爆发后，Pe-2轰炸机即受到重视和大量生产，因为它有较高速度和飞行高度，能渗透德国的防空系统并阻截德军增兵。

苏军士兵与Pe-2轰炸机合影

作战性能

标准型Pe-2为三座轻型轰炸机，呈下单翼、双垂直尾翼布局，全金属结构，使用三叶式螺旋桨。第三位乘员是机首下方的火力管制员。该机是战时苏联飞机中的另类代表，完全不像其他战时机型那般简陋。

虽然以Pe-2的构造，安装雷达完全不成问题，但仅有少数能像P-38、Bf 110或“蚊”式等类似的双发战机改装成为夜间战斗机（Pe-3R）。除了是因为苏联电子科技较美英德稍逊，开战之初红军还未使用新发明的雷达外，更因为在雷达成为空军标准装备后，当时的苏联红军要求战斗机完全依赖地面雷达站提供情报，反映其作战方式局限于“飞行员不过是战斗员”的陈腐观念，无法让战斗机使用其空中高度优势发现敌人，甚至拖慢了苏联发展预警机和全天候战斗机的进度。

⊕ Pe-2轰炸机在高空飞行

SB-2轰炸机

长度	12.57米	空重	4280千克
翼展	20.33米	最大速度	411千米/小时
高度	3.6米	最大航程	2300千米

SB-2轰炸机是苏联于20世纪30年代研制的双发轰炸机，在1936～1941年间批量生产，总产量超过6600架。

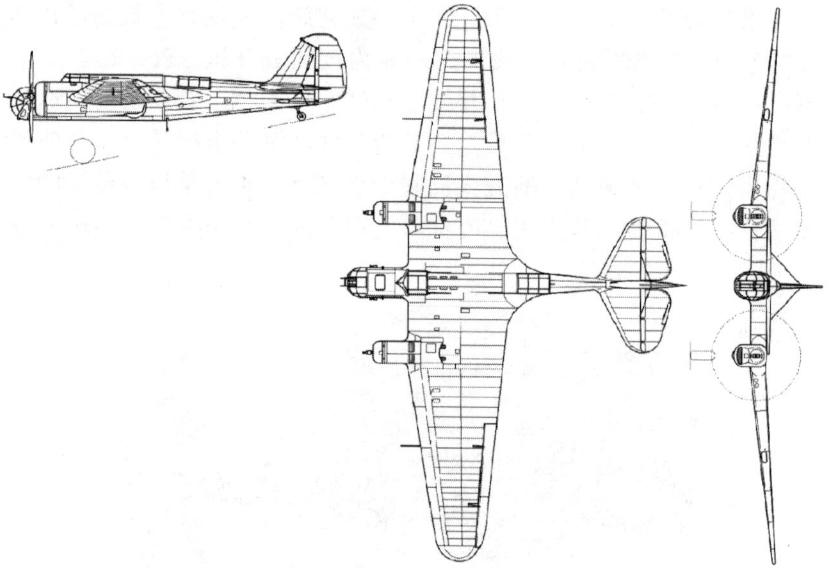

SB-2轰炸机三视图

研制背景

1933年，苏联空军提出需要一种快速双发轰炸机。1934年1月，由图波列夫主持开始设计。10月，两种原型机完成设计，即ANT-40-1和ANT-40-2。两者的差别在于，ANT-40-1使用星型气冷发动机，ANT-40-2使用十二缸液冷发动机。经过试飞，ANT-40-2的性能较为优秀，在赋予SB-2的型号后，从1936年底开始批量生产。

SB-2轰炸机侧面视角

作战性能

SB-2是苏联第一种全金属，机身、蒙皮形成整体承载结构的飞机。初期型号装两台M-100发动机，驱动两副金属固定桨距螺旋桨。发动机散热器布置在发动机前端，因此从外观上可以看见若干垂直布置的调温百叶窗叶片。该机比同时代的大多数战斗机飞得快，在20世纪30年代中期是一种先进的轰炸机。

实战表现

作为苏联红军的主要轰炸机，SB-2参加了20世纪30年代中后期的若干战争。1936年7月18日西班牙内战爆发，苏联曾向共和军提供684架I-15、I-16、SB-2型飞机的援助。SB-2轰炸机曾轰炸萨拉曼卡、塞维尔、卡塞利斯、格兰拉达等地的敌军集结地域和阵地配系。

SB系列轰炸机还参加了1938年7～8月的苏、日哈桑湖之战，1939年5～8月的哈勒欣河之战，以及1939年底至1940年初的苏芬战争。苏德战争初期，苏联空军的编制中旧式飞机占很大比例，SB系列轰炸机参加了抗击德国军队入侵的战斗，但是性能已经明显落后，随战争的消耗逐渐被新型飞机取代。

⊕ 被德军缴获的SB-2轰炸机

SB-3轰炸机

长度	12.57米	空重	4768千克
翼展	20.33米	最大速度	450千米/小时
高度	3.6米	最大航程	2300千米

1937年，图波列夫设计局开始将部分SB-2轰炸机改用水冷式M-103发动机（单台功率716千瓦），并在翼下加上挂架。改进后的飞机被称为SB-2-M103，之后又命名为SB-3轰炸机。SB-3轰炸机的机载武器为4挺7.62毫米机枪，并可搭载600千克炸弹。

Su-2轰炸机

长度	10.46米	空重	3220千克
翼展	14.3米	最大速度	485千米/小时
高度	3.75米	最大航程	1100千米

Su-2轰炸机是苏联于20世纪30年代研制的轻型轰炸机，1937年8月25日首次试飞。该机的设计和试飞都是在极度机密的情况下进行，不但德国人不知道有这种飞机，就是苏联战斗机飞行员在战争初期的空中遇见Su-2轰炸机都以为是敌机。这种苏联当局期望值很高的飞机在激烈对抗的苏德战线上，用途极其有限。Su-2轰炸机的操纵性虽好，但火力配备较弱、没有装甲，很难适应战斗需要。该机在没有战斗机护航的情况下匆忙参战，损失很大。Su-2轰炸机一共制造了910架，1942年退出现役。

Yak-4轰炸机

长度	10.18米	空重	4560千克
翼展	14米	最大速度	533千米/小时
高度	3.1米	最大航程	925千米

Yak-4轰炸机是苏联雅克设计局在20世纪30年代研制的轻型轰炸机，使用2台M-105 液冷发动机，单台功率为821千瓦。该机在海平面的最大平飞速度增加到458千米/小时，在5050米高度时则可以达到533千米/小时。Yak-4轰炸机存在稳定性差、发动机功率不足和航程过短等问题，虽然最终投入了批量生产，但Yak-4轰炸机的设计一直没有获得进一步的完善。雅克设计局由于要负责I-26（即后来的Yak-1战斗机）的开发而无暇顾及Yak-4轰炸机的改良工作。Yak-4轰炸机的总产量只有90架。

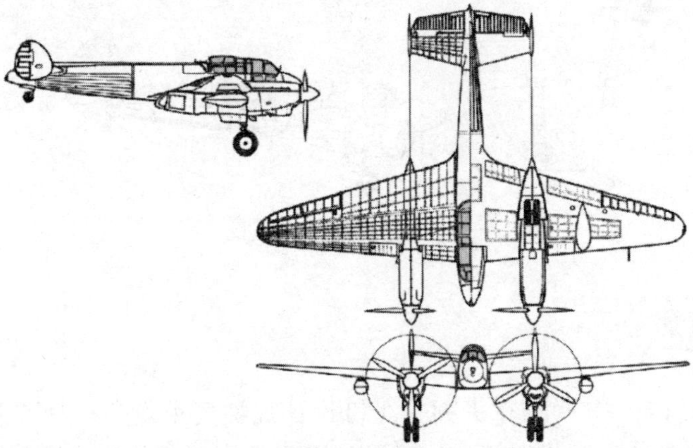

⊕ Yak-4轰炸机三视图

Yak-6轰炸机

长度	10.35米	空重	1415千克
翼展	14米	最大速度	187千米/小时
高度	2.95米	最大航程	900千米

Yak-6是一个苏联在二战期间研制和建造的双引擎多用途飞机，被用作短距离夜间轰炸机和传输机。

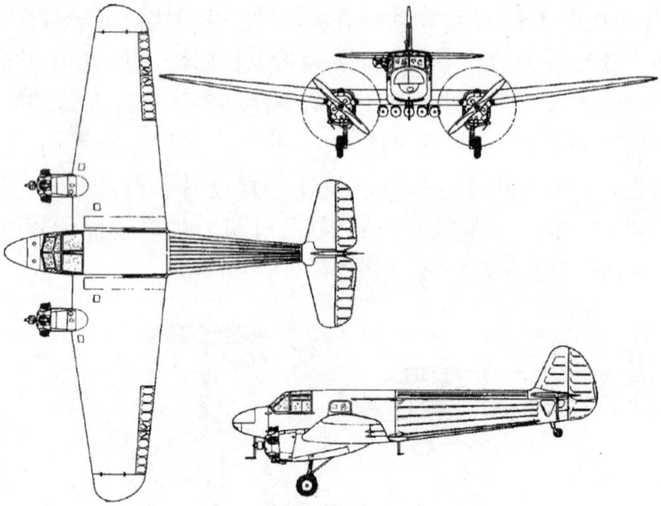

Yak-6轰炸机三视图

研制背景

1942年4月，苏联雅克夫列夫飞机设计局被要求设计一种双发多用途运输机以补充小单发动机飞机。由于设计过程只需要简单的建设和运营，因此其建设工作进展非常迅速。第一架Yak-6原型机于1942年6月进行试飞。同年9月，Yak-6通过了国家验收测试并开始投入生产。

Yak-6轰炸机后侧方视角

作战性能

Yak-6是悬臂式低单翼全木结构，有一个可伸缩的后三点式起落架，与主轮向后缩回进入发动机舱。水平尾翼为支撑点。为了尽量减少使用稀缺资源，该飞机的油箱使用被浸了化学物质的胶合板，而不是金属或橡胶制成。

Yak-6有两个版本，一个是提供伤员运送，联络以及快递服务的运输机版本。第二个版本是短距离夜间轰炸机，能够携带多达500千克的炸弹协同士兵作战。

Yak-6轰炸机侧方视角

Yak-6轰炸机前侧方视角

实战表现

卫国战争期间，Yak-6在前线作为运输和轰炸机支援作战，由于其优良性能，受到士兵的一致好评。二战结束后，一些Yak-6轰炸机仍然大规模服役于同盟国，直到1950年才全部退役。

Yak-6轰炸机示意图

Ar-2轰炸机

长度	12.5米	空重	4516千克
翼展	18米	最大速度	512千米/小时
高度	3.56米	最大航程	1500千米

SB系列轰炸机投产后，设计师一直在进行改进工作，以满足苏联空军的需要，但是绝大部分改进型都不太成功：T-1鱼雷机在试飞中发生结构破坏、机毁人亡的事故；MMN轰炸机不能使军方满意。随后研制的SB-RK是一种俯冲轰炸机，性能得到一些提高，在此基础上进一步改进设计的飞机即Ar-2轰炸机。Ar-2轰炸机在1940～1941年期间生产，总产量为200架。该机参加了苏德战争初期的战斗，直到被更先进的Pe-2轰炸机所取代。

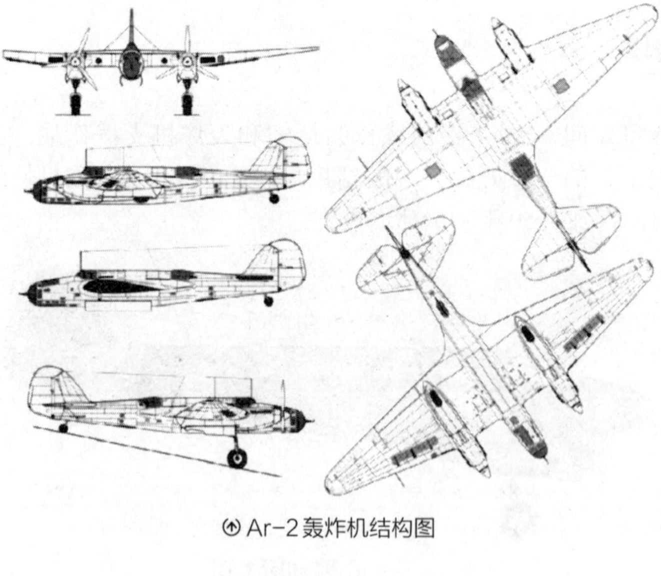

⊕ Ar-2轰炸机结构图

Yer-2轰炸机

长度	16.42米	空重	10455千克
翼展	23米	最大速度	420千米/小时
高度	4.82米	最大航程	5500千米

Yer-2轰炸机是苏联在二战期间研制的一种双发远程轰炸机，采用全金属双垂尾倒鸥翼布局，具备可收放式后三点起落架，定员5人，最高载重高达5吨（短航程载油量）。不过，苏联红军认为更需要Pe-2一类的轻型轰炸机，Yer-2和Pe-8一样没有大量生产，但在1945年前也一直没停产，断断续续生产了320架。Yer-2也是苏德战争中最早夜间空袭柏林的苏军战机之一。

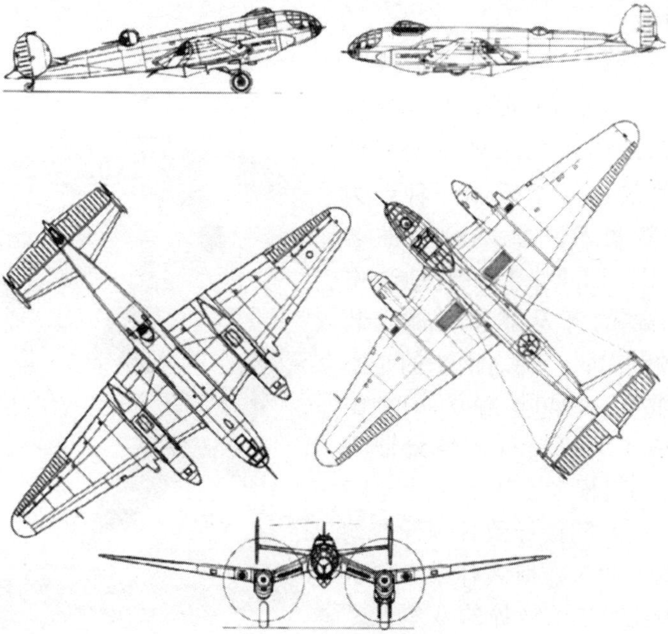

Yer-2轰炸机结构图

4.3 攻击机

Il-2攻击机

长度	11.6米	空重	4360千克
翼展	14.6米	最大速度	414千米/小时
高度	4.2米	最大航程	720千米

Il-2是苏联在二战期间生产的单发对地攻击机，产量超过36000架，堪称航空史上单产量最大的军用飞机。

研制背景

1938年，苏联中央设计局下属的由谢尔盖·弗拉基米罗维奇·伊留申领导的部门开始研制一种称为TsKB-55的新机型，军方给予的名称是Bsh-2型，即“带装甲对地攻击机”。TsKB-55的开发非常不顺，装甲板焊接频频出错，随之而来的是不断增加的重量。1940年春季，TsKB-55终于完成了飞行试验，结果证明AM-35型发动机根本无法承受重达4.7吨的飞机，从而间接导致各项性能均不令人满意。此时，斯大林亲自要求伊留申把TsKB-55由纯粹的双座低空攻击机改为可从高空进入敌军阵地的单座战斗轰炸机，据此很快完成了新

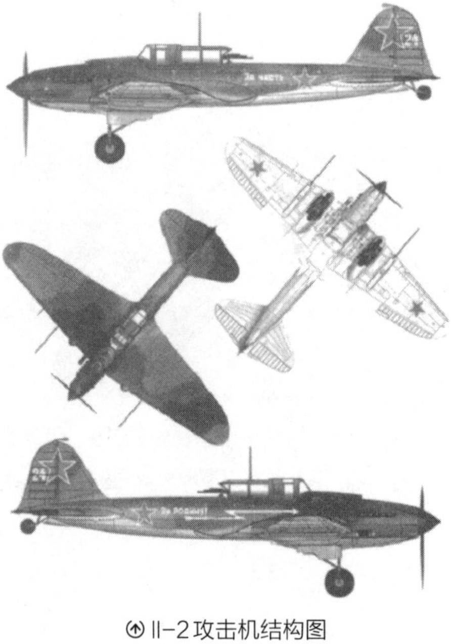

Ⓘ Il-2攻击机结构图

的TsKB-57样机，而TsKB-57的改进型TsKB-55P实际上就是Il-2的原型机。在1941年4月，TsKB-55P以设计师的名字命名为Il-2。后来，Il-2又因作战需要再次改成双座机。

Ⓘ Il-2攻击机侧前方视角

作战性能

Ⓘ Il-2攻击机侧后方视角

Il-2是以单活塞式三叶螺旋桨驱动的机型，呈下单翼硬壳式布局，为后三点式收放式起落架，生产型为纵列双座封闭式座舱，后座位是面向后方的机枪手座位，并设有弹仓的构造。动力装置为AM-38X十二缸液冷发动机，最大功率1327千瓦。Il-2的前起落架虽为收放式，但轮胎是可收入机体内的自行车式构造，而后轮则不可收，保障了在紧急降落时的安全性。

Il-2在两翼各内藏有1门固定式23毫米VYa-23机炮和7.62毫米ShKAS航空机枪，后座舱1挺12.7毫米别列津UBT可回转机枪，最大载弹量600千克，也可搭载火箭发射架和小型航弹集装箱（子母弹）。

实战表现

Il-2原本是作为单座的战斗轰炸机，但初期在和德军作战时表现不理想，因为对于其较大的体型来说，发动机功率不足，使得飞行性能不足以与德军Bf109进行格斗战。后来加装了机枪手的后座位和重机枪自卫，并强化了装甲并集中攻击地面目标，才成为当时最成功的攻击机，德国对Il-2有“黑色的死神”之誉。但实际上Il-2

Ⓘ Il-2攻击机在高空飞行

的性能仍然是不足以作为战斗轰炸机的，在德国的新型战斗机如Bf109G和Fw190出现后，受到相当损失，只能在战斗机护航下才能作战。而且载弹量过少，只能对无防护的人员和车辆造成重大杀伤，对坦克差不多无能为力，后来专门为它开发了集体投下的小型炸弹以对付坦克。

Il-10攻击机

长度	11.06米	空重	4680千克
翼展	11.06米	最大速度	551千米/小时
高度	4.18米	最大航程	800千米

Il-10是苏联伊留申设计局在二战后期由Il-2改进而来的攻击机，1944年开始服役。

Il-10攻击机结构图

研制背景

Il-2本意是设计成战斗轰炸机，但因发动机功率不足，只好改为攻击机，后来大战末期重新设计成较小型的全金属制机型，配合了新的大功率发动机，试图发展成为类似美国的P-47战斗轰炸机。但发动机功率虽大，可是构型阻力较大和机翼也过厚，所以速度并不比Il-2快多少，所以只好保持攻击机的用途，命名为Il-10攻击机。

Il-10攻击机侧前方视角

作战性能

Il-10的外观和Il-2相似，但实为全金属结构，外观上不同的地方是改用与普通战斗机相似的收放式起落架。另一特点是有内藏的弹仓。Il-10也是以单活塞式三叶螺旋桨驱动的机型，呈下单翼硬壳式布局，为后三点式收放式起落架，主要生产型为纵列双座封闭式座舱，后座位是面向后方的机枪手座位。发动机为液冷式的AM-42，最大功率达2051千瓦。

Il-10早期型在两翼各内藏有2门固定式23毫米机炮和2门7.62毫米机枪，后座舱1挺12.7毫米可回转机枪。后期型的机翼各为2门23毫米机炮，后座1门20毫米机炮。两翼下载弹250千克，弹仓可载400千克火箭发射架或小型航弹集装箱（子母弹）。

实战表现

苏军飞行员与Il-10攻击机

Il-10在二战后期才服役，而且外观和其前身Il-2型相似，所以知名度较低。二战后，由于早期的喷气式飞机低空低速性能不佳，并不适合对地攻击任务，因此Il-10有机会输出到国外参加了几场局部战争，并授权捷克斯洛伐克生产，称为B-33轻型轰炸机。Il-10在各国服役到20世纪60年代，在喷气式飞机的低空和低速性能全面改善后，才宣告退役。

4.4 其他战机

Li-2运输机

长度	19.65米	空重	7750千克
翼展	28.81米	最大速度	300千米/小时
高度	5.15米	最大航程	2650千米

Li-2是苏联从美国道格拉斯公司购买制造许可证，在DC-3的基础上修改的一种双发运输机。

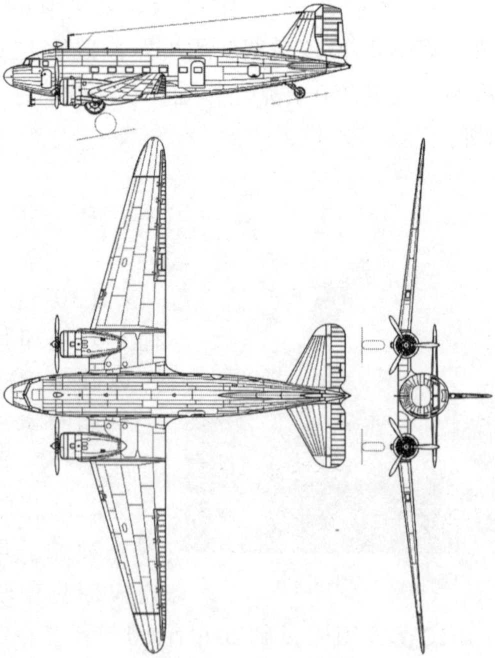

Li-2运输机三视图

研制背景

1936年11月到1939年3月，苏联从美国购进18架DC-3旅客机，其中2架是分解状态的散件，同时购进了该机的制造权，并派技术人员到美国工厂学习了约2年的时间。苏联于1941年开始生产DC-3，同年夏季达到月产30～40架的产量。在生产时技术人员对DC-3的结构进行了修改以适应苏联工艺和生产条件，并换装国产发动机。生产的客机使用试制厂总工程师鲍里斯•巴甫洛维奇•里苏诺夫姓名命名为Li-2。

Li-2运输机于1939年开始投产，20世纪40年代至50年代初期，Li-2是苏联使用量最大的客货运输及伞兵用飞机。Li-2运输机于1945年停产，各型共生产了4863架。在苏联使用了约40年之久。

Li-2运输机前侧方视角

作战性能

Li-2运输机的主要改动包括将飞机上采用英制的零件全部改成公制；更换了苏制的发动机以及相关系统。Li-2的起落架和轮胎也几乎是全新设计，并具有安装雪橇的功能，部分早期军用型号的Li-2飞机还装有炸弹挂架和机背炮塔，可携带4枚250千克炸弹或12枚火箭弹。

保存至今的Li-2运输机

停靠在雪地上的Li-2运输机

实战表现

苏联民航在二战开始之前将Li-2运输机作为客机使用，战争开始之后，绝大多数Li-2运输机被苏军征用，成为战场上使用量最大的运输机型之一。

Li-2运输机驾驶舱

R-5侦察机

长度	10.56米	空重	1969千克
翼展	15.5米	最大速度	228千米/小时
高度	3.52米	最大航程	800千米

R-5是苏联波利卡波夫设计局自行研制的一种双翼侦察机。

R-5侦察机结构图

研制背景

20世纪20年代后期，苏联进入全面自行研制飞机时代，各大设计局纷纷加入研制飞机的热潮中。波利卡波夫设计局于1928年开始研制R-5侦察机。原型机于1928年秋季进行首飞，1931～1937年，共生产R-5侦察机700架，曾提供给阿富汗、南斯拉夫等国。该机直到二战后仍在继续使用，是一种长寿型号。

R-5侦察机前侧方视角

作战性能

R-5侦察机是一种双翼机，具有良好的稳定性、灵活机动性能和维护方便、操作简单等优点。除了具有侦察能力之外，R-5同时也能作为一种轻型轰炸机使用。

⊙ R-5侦察机示意图

Yak-11教练机

长度	8.2米	空重	1900千克
翼展	9.4米	最大速度	460千米/小时
高度	3.28米	最大航程	1250千米

Yak-11是苏联雅科夫列夫飞机设计局研制的活塞式单发中级教练机，也可作歼击机、侦察机等使用。

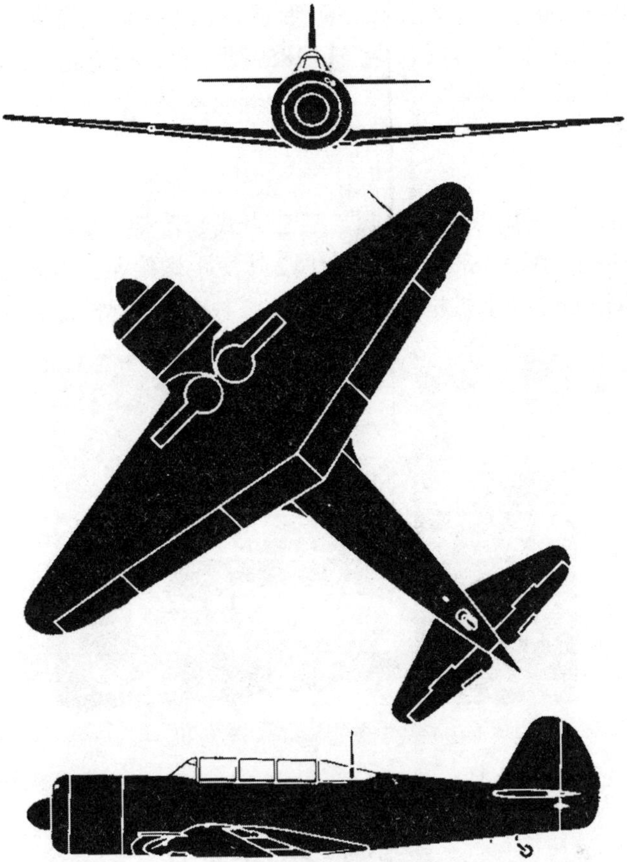

Yak-11教练机三视图

研制背景

苏联雅科夫列夫飞机设计局在二战前主要研制教练机，二战爆发时转为研制歼击机，战争期间该局研制的活塞式歼击机大量生产装备部队。雅克系列飞机成为苏联在二战期间生产数量最多的单发歼击机。同时，雅科夫列夫飞机设计局还在歼击机基础上改型研制教练机，用于部队飞行员训练。

飞行中的Yak-11教练机

Yak-11是在Yak-3的基础上改进研制的，因此Yak-11教练机的部件有许多是与Yak-3相同的。Yak-11共生产了3859架，另外捷克也制造了707架。

作战性能

Yak-11教练机采用双舱下单翼、后三点式起落架。Yak-11动力装置为一具风冷式发动机，配 VISh-111V-20金属2叶变距螺旋桨。其武器装备为机头上方的1挺口径12.7毫米机枪，机翼下可挂2枚50千克炸弹。

捷克制造的Yak-11教练机

Po-2教练机

长度	8.17米	空重	770千克
翼展	11.4米	最大速度	152千米/小时
高度	3.1米	最大航程	630千米

Po-2是苏联波利卡波夫设计局设计的一种多用途双翼机，苏联称之为“玉米”，北约代号为“骡”（Mule）。

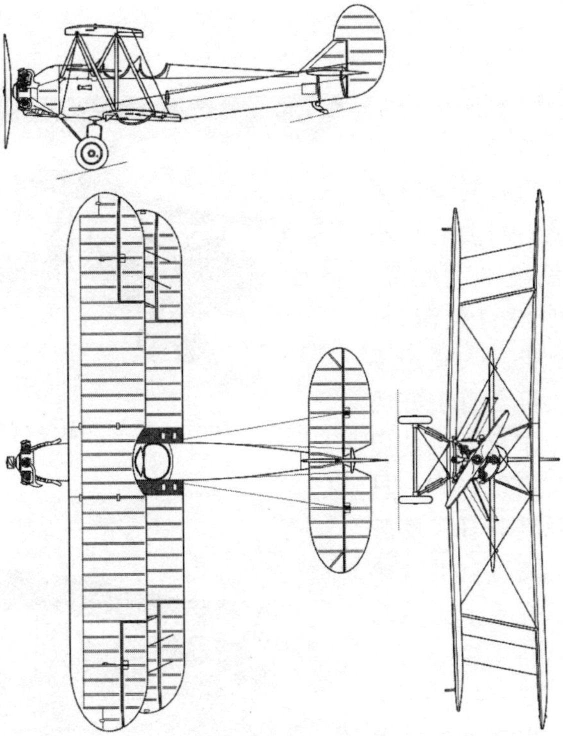

Po-2教练机三视图

研制背景

在德国博物馆参展的Po-2教练机

Po-2是苏联著名飞机设计师尼古拉•波利卡波夫设计的一种双翼初级教练机。1927年，尼古拉•波利卡波夫受命设计一种用于飞行员基础训练的教练机，1928年Po-2原型机首次试飞，由于机构简单，设计出色，因此该机试飞顺利，并在1929年投入生产，成为20世纪30年代苏联空军和航空爱好者学习飞行的首选机种。

Po-2是苏联航空史上产量高、生命周期长而又用途广泛的一种机型，改型达80余种，从1929年投产到1955年在波兰停止仿制，Po-2总产量达到32600 ～ 33300架。

作战性能

Po-2全机采用木质框架加蒙布的结构，起落架为固定式主轮加尾橇，在滑行转弯时需要地面人员帮助，只要有一小块平整的场地就能顺利起降。Po-2发动机外面没有整流罩，启动时，还需要机务人员用手扳动螺旋桨。该机具有极好的操纵性，最适合作教练机使用的一点是：如果出现失速，只需要飞行员放脱驾驶杆，驾驶杆会完全中立，飞机自动脱离螺旋，这相当于挽救了无数新手飞行员的生命。

在水上飞行的Po-2教练机

降落在波兰的Po-2教练机

Po-2教练机具有结构简单、成本低廉、易于生产维护、尤其操作性能奇佳、起降性能出众的特点，为苏联培养了大批航空人才。

实战表现

在卫国战争中，Po-2发挥了其他飞机不能取代的作用，在战场上被用作联络机、救护机、夜间轰炸机等。作为联络机，Po-2主要飞往敌后的游击队控制区，为游击队送去医药、通信器材、联络员等；作为救护机，则将危重的伤员送到后方医院；大量的Po-2组成夜间轰炸机团，一到夜晚就飞临敌人的战线、机场等目标进行袭扰，虽然轰炸本身不会造成多大损失，却能使敌方整夜不能安眠。Po-2夜间在低空活动，敌方战斗机根本无法攻击，地面炮火也无法跟踪射击，所以获得了成功。

Po-2教练机侧方视角

第5章

海上雄狮

——战舰

苏联海军舰队由北方舰队、波罗的海舰队、黑海舰队、太平洋舰队四大舰队组成。与陆军和空军相比，海军在二战时期的表现乏善可陈，因此苏联虽然拥有相当数量的海军战舰，但闻名世界者寥寥无几。本章主要介绍二战时期苏联海军最具代表性的几款战舰。

5.1 水面舰艇

“苏联”级战列舰

全长	269.4米	标准排水量	60190吨
全宽	38.9米	最大航速	29节
吃水	10.4米	续航力	5000海里

“苏联”级战列舰（Sovetsky Soyuz-class battleship）是苏联于二战前夕设计制造的第一个也是最后一个级别的战列舰。

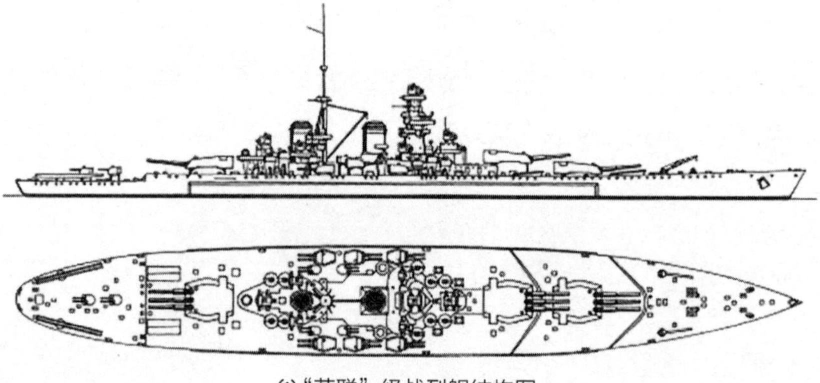

↑“苏联”级战列舰结构图

研制背景

1936年5月27日，苏联国防人民委员会下属的海军部提交了一个重建海军的庞大方案，请求为海军建造8艘35000吨406毫米主炮A型战列舰和18

艘26000吨重巡洋舰。在后来的数年内计划几经修订，A型战列舰最终发展为苏联时代唯一一型开工建造的“苏联”级战列舰。

“苏联”级战列舰前后方视角

“苏联”级是当时斯大林时期设计的战舰。该级别的设计计划在20世纪30年代末期提出，但从来没有服役过。最初计划建造该级别16艘战列舰，并计划于1947年完工，使之成为苏联海军主要的攻击力量。1938年1月24日苏联正式下达建造4艘该级战舰的训令。1940年10月，该级4艘战舰的船体开始建造。其后，苏联决定取消建造更多该级舰并将资源用于强化陆军以为即将到来的战争做准备。但是这4艘直到纳粹德国于1941年入侵苏联时还没有建成，因此建造计划不得不停止，正式的停工令于1941年7月10日下达，而到11月海军已将它们除名。

作战性能

“苏联”级的装甲防护体系为独特的不完整双装甲舱式，结构极其复杂，在中央的主装甲舱前后装甲隔墙外，还分别布置有1道厚度更大的外围艏艉装甲隔墙。在艏部和艉部的两道装甲隔墙间，仍然布置有侧装甲带和水平装甲。其装甲板全部使用了比较坚固的企口连接。“苏联”级的火炮威力和其上的火控系统达到了国外同期战列舰的水平。该战列舰装备的炮塔使用一套包含150个203毫米直径滚珠的滚珠轴承装配到圈座上，另有204个垂直滚柱用于承受火炮射击时对炮塔的后坐力。

“苏联”级的防空火力相对比较薄弱，最初设计中使用平高炮作为副炮和重型高射炮，但最后却放弃了。战争中的实践证明，重型高射炮可以当作对海射击的副炮使用。

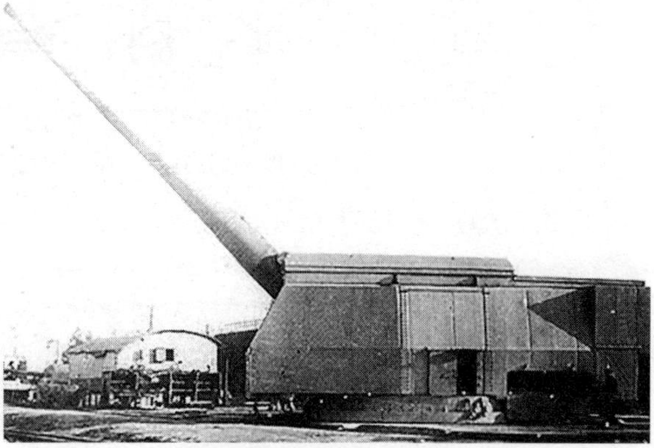
“苏联”级战列舰上装备的炮塔

“甘古特”级战列舰

全长	181.2米	标准排水量	23360吨
全宽	26米	最大航速	24.6节
吃水	8.4米	续航力	5000海里

“甘古特”级战列舰（Gangut-class battleship）是苏联海军从沙俄海军继承的唯一一级战列舰，在相当长时间里也是苏联海军唯一的战列舰。

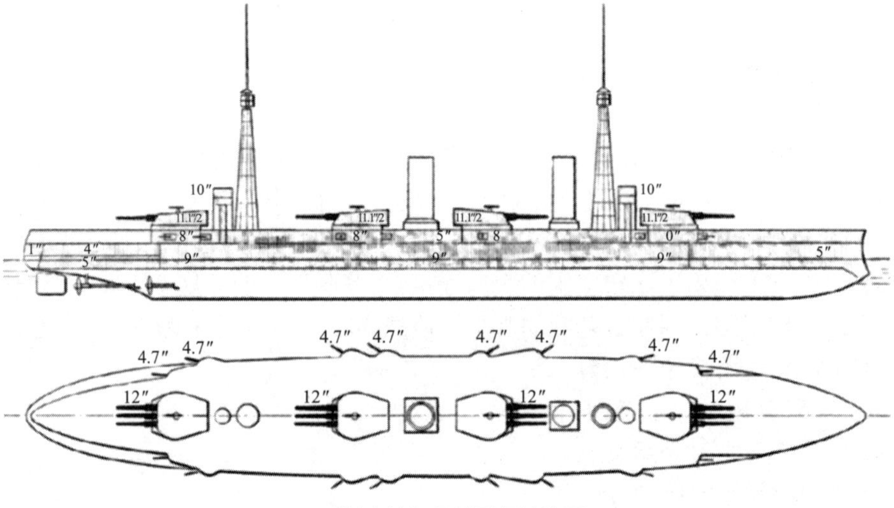

“甘古特”级战列舰结构图

研制背景

日俄战争之后，沙俄海军面临战列舰极度短缺的窘境。1906年，在设计和性能上有着革命性突破的英国“无畏”号战列舰问世，它让沙俄舰队仅剩的几艘战列舰也迅速地过时。同时，“无畏”号战列舰的出现也标志着新的一轮海军军备竞赛在全世界范围内展开。不甘人后的沙俄海军打算为自己争取4艘“无畏”型战列舰，并全部配备在波罗的海，以便在可能爆发的战争中与德国人在波罗的海的力量相抗衡。

“波尔塔瓦”号战列舰

相对于“无畏”舰这一全新概念，沙俄船厂的设计和建造能力显得极为不足，因此，海军部向国内外各大造船厂发起招标。不久，海军部就收到了国内外27家造船厂提交的51份设计方案，这些方案来自意大利、法国、英国、美国甚至德国。最后，沙俄海军部决定买下德国的设计并按照沙俄标准重新修改，波罗的海船厂接受了这个任务。新型战列舰的建造于1909年开始，由于沙俄造船厂本身效率低下，加上正在建造的又是一种全新的战舰，新型战列舰的建造困难丛生，进度很慢。1911年，4艘新型战列舰先后下水并进行海试，第一艘服役的“塞瓦斯托波尔”号于1914年加入海军作战序列，其余三艘（“甘古特”号、“彼得罗巴甫洛夫斯克”号、“波尔塔瓦”号）也在当年12月陆续服役。沙俄方面也把该级舰称为“塞瓦斯托波尔”级战列舰。

作战性能

“甘古特”级战列舰的设计突出了空前强大的火力：4座三联装主炮塔全部布置在舰体纵向中心线上；舰体前后各布置1座主炮塔，舯部布置2座炮塔。它的305毫米口径主炮舷侧齐射的火力超过同时期任何一艘英国或者德国战列舰。“甘古特”级战列舰采用破冰船艏，以便冬季封冻时也能自如地在波罗的海活动。由于使用较轻的“亚罗”式锅炉代替此前常用的“贝尔维尔”式锅炉，“甘古特”级战列舰的速度同样突出，航速达到24节，比同时期大多数“无畏”舰的航速都要高2～3节。

“甘古特”级战列舰侧前方视角

“甘古特”级战列舰也有一个很明显的弱点：为了保证高航速牺牲了太多装甲防护，舷侧水线装甲厚度为229毫米，和同期世界主要战列舰相比，它大部分部位的装甲带都薄了25～76毫米。而从这点上看，它似乎是介于战列舰和战列巡洋舰的中间舰型。为防止鱼雷或水雷给战舰造成重大损害，该级舰采用双层舰体，并一直延伸到甲板。

实战表现

⊕ 二战时的“甘古特”级战列舰

⊕ 作战中的“甘古特”级战列舰

苏联建立以后，沙俄时代的战列舰大多于1922～1924年期间拆毁，只有“甘古特”级战列舰被保留下来，并重新命名（“甘古特”号更名为“十月革命”号，“塞瓦斯托波尔”号更名为“巴黎公社”号，“彼得罗巴甫洛夫斯克”号更名为“马拉”号，“波尔塔瓦”号更名为“伏龙芝”号），准备作为海军重建的基础。“伏龙芝”号因损坏严重，没有太大的修复价值，仅仅作为水上兵营使用，其余三艘在经过整修后重新回到舰队序列。

1940年，“十月革命”号和“马拉”号参加了对芬兰的冬季战争，但漫长的冬季、封冻的海面都阻止了苏联战列舰充分发挥自己的实力。苏德战争爆发后，“马拉”号于1941年9月23日被德国轰炸机投下的800千克重磅炸弹直接命中，坐沉于喀琅施塔得港内浅水处。之后被打捞起来，经过简单的修理，变成了“马拉”号浮动炮台，用它剩余的9门主炮支援陆军抵抗德军的进攻。另外两艘“甘古特”级战列舰也在战争中小有战果，但也屡次受损。1943年中，几艘战列舰都恢复了原来的舰名。

纵观整个二战，苏联战列舰没有在海战中击沉过德国的任何军舰，305毫米主炮的炮弹绝大多数都落在德国陆军的头上，战舰在大多数时间则停留在港口里。

“喀琅施塔得”级战列巡洋舰

全长	242.1米	标准排水量	39660吨
全宽	31.6米	最大航速	32节
吃水	9.7米	续航力	8300海里

“喀琅施塔得”级战列巡洋舰（Kronshtadt-class battlecruiser）在苏联的开发代号为69型重巡洋舰，它们的设计历史漫长而复杂。

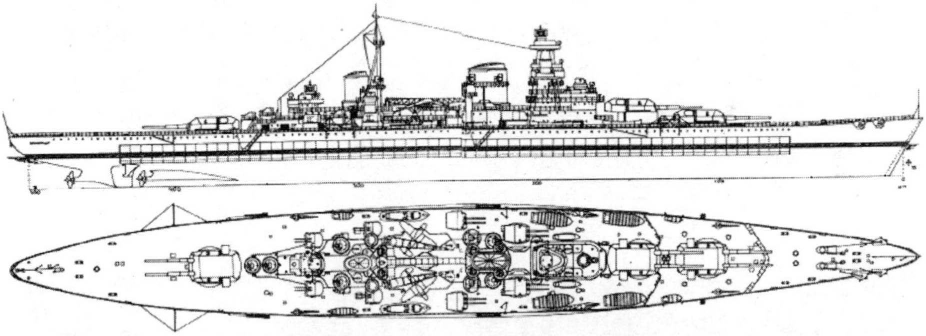

↑“喀琅施塔得”级战列巡洋舰结构图

研制背景

1936年5月27日，苏联国防人民委员会下属的海军部提交了一个重建海军的庞大方案，请求为海军建造8艘35000吨406毫米主炮A型战列舰（23号工程，即“苏联”级战列舰）和18艘26000吨大型巡洋舰（69号工程，即“喀琅施塔得”级战列巡洋舰）。

由于缺乏大型军舰的设计经验，“喀琅施塔得”级战列巡洋舰在设计建造过程中得到了意大利和德国的技术援助，1939年，“喀琅施塔得”级战列巡洋舰的前两舰“喀琅施塔得”号和“塞瓦斯托波尔”号分别在列宁格勒和尼古拉耶夫开工建造。不过随着德国入侵苏联，德援全部断绝，两舰工程被迫终止。1945年战争结束时状态最好的一条舰船仅完成了10%，尽管苏联海军想改造成航空母舰，但最终还是放弃了，两舰于1947年拆除。

“喀琅施塔得”级战列巡洋舰前后方视角

作战性能

“喀琅施塔得”级战列巡洋舰在1939年开工以后，又被勒令在1940年初才批准的设计方案上进行改动，以便让“喀琅施塔得”级战列巡洋舰能够装备6门380毫米火炮，这一点和“沙恩霍斯特”级战列巡洋舰的设计非常相似。如果“喀琅施塔得”级战列巡洋舰能够在完工时配备上6门380毫米火炮，则将成为二战中符合战列巡洋舰标准的舰船之一。

“喀琅施塔得”级战列巡洋舰示意图

“红色高加索”号重型巡洋舰

全长	169.5米	标准排水量	7480吨
全宽	15.7米	最大航速	29.5节
吃水	6.3米	续航力	3500海里

“红色高加索”（Red Caucasus）号巡洋舰是苏联海军中的第一艘重巡洋舰，是由沙俄1913年开工的“斯维兰那”级轻型巡洋舰的后继舰“拉扎列夫海军上将”号改造而成。

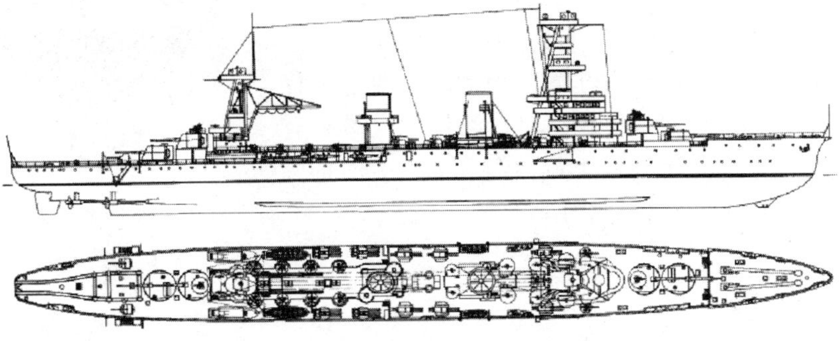

“红色高加索”号重型巡洋舰结构图

研制背景

1922年，美国、英国、法国、日本和意大利签署了《限制海军军备条约》，由此诞生一种新的舰种：条约型巡洋舰。条约规定，条约型巡洋舰的排水量在1万吨，并安装不超过203毫米口径的主炮。到了1924年，各海军列强都提出了各自的条约型巡洋舰设计方案。由于没有财力建造同类的巡洋舰，于是，苏联将目光瞄上了在沙俄时代未竣工的巡洋舰上，将它们进行一定的改装和强化，获得与条约型巡洋舰对抗的能力。这是保证短期内形成战斗力，且又耗费最小的方案。

“红色高加索”号重型巡洋舰侧面视角

经过全面考察，苏联海军选定“拉扎列夫海军上将”号轻型巡洋舰作为改装舰体。该舰于1913年10月13日在乌克兰尼古拉耶夫船厂开工建造。由于一战爆发严重影响了工程进度，直到1916年6月21日才下水，到十月革命爆发时还尚未完工。十月革命后，完工度仅有63%的该舰一直处于停工状态，虽然历经内战和长期无人维护，但是其舰体保存完好，没有任何损坏，是实施改装的首选。1925年，苏联海军设计人员正式开始重新设计，1926年12月14日，还在改装设计中的巡洋舰被命名为“红色高加索”号。1927年9月，“红色高加索”号的改装设计方案得到批准，改建工程迅速展开。但由于苏联缺乏材料、技术人员和有经验的工人，实际改建工程进行了4年多，直到1932年1月25日才正式完工。

“红色高加索”号巡洋舰的水兵徽章

作战性能

“红色高加索”号巡洋舰基本保留了“拉扎列夫海军上将”号巡洋舰的状态，采用垂直艏和艏楼舰型。但是为了增加内部空间，安排更多的舰员住舱，艏楼部分被延长，使得外板从舰艏一直延伸到三号烟囱的位置，在外形上更加简洁流畅。舰艉部分则是个奇特的组合，水下部分是巡洋舰艉，水上部分又是一个方形结构。

“红色高加索”号巡洋舰完工时安装4门180毫米主炮，4门100毫米副炮，2门76毫米高射炮，4挺8毫米高射机枪，12具533毫米鱼雷发射管。180毫米主炮采用人工装填，不仅射速慢，而且还加重了炮塔人员的负担。此外，“红色高加索”号巡洋舰还安装了1座德国海因克尔公司提供的飞机弹射器，并使用同一公司的HE55型水上飞机。理论上该舰可以搭载2架，实际上由于空间不足，只能携带1架。

“红色高加索”号巡洋舰侧前方视角

㊉“红色高加索”号巡洋舰的高射炮

㊉“红色高加索”号巡洋舰的100毫米副炮

“红色高加索”号巡洋舰的舷侧水线装甲厚度为75毫米，分布于水线部位上下；舷侧上板装甲厚度25毫米，从水线装甲上沿向上延伸至主甲板。水平防御由双层装甲甲板组成，分别位于主甲板和下甲板，单层厚度20毫米。这样水平装甲和垂直装甲结合，形成了上下两个装甲盒结构。此外，该舰没有任何水下防御手段，是一个严重的缺陷。

实战表现

1941年6月苏德战争爆发后，“红色高加索”号巡洋舰与其他苏联军舰一起开赴塞瓦斯托波尔港外，进行防御水雷阵的布设。同年9月，该舰在敖德萨战线作战，一面护送海上运输队将第157步兵师运送到敖德萨，一面以火炮支援陆上部队。该舰还搭载第3海军陆战团1个营从塞瓦斯托波尔出发，在罗马尼亚军队战线后方成功实施两栖登陆，消灭了位于丰坦卡和多分诺夫卡附近的罗马尼亚海岸炮兵。10月3～6日，该舰又掩护护航队将第157步兵师从敖德萨撤回到塞瓦斯托波尔。塞瓦斯托波尔保卫战打响后，该舰先把在克里米亚被分割的部队撤回塞瓦斯托波尔，后又从高加索港口运来援军。其中12月7～13日和21～22日，就分别协助将第388步兵师和第354步兵师从诺沃罗西斯克和图阿普谢运送到塞瓦斯托波尔。随后，该舰参加了刻赤-费奥多西亚战役，12月25日返回诺沃罗西斯克装载第44集团军人员和300枚水雷，29日抵达费奥多西亚港，将运载的部队送上海岸后，又以火炮支援作战，战斗中被敌军火力击中达17次之多。

1942年1月1～3日，“红色高加索”号又为刻赤半岛桥头堡的苏军送去增援力量和补给品，返航时遭到德军俯冲轰炸机的围攻，因受损严重不得不到波季进行彻底修复，直到10月才恢复战斗力。10月20～23日，回到战地的“红色高加索”号从波季运兵到图阿普谢。1943年2月4日，苏军在诺沃罗西斯克以西、德军战线之后实施一系列的两栖登陆，“红色高加索”号参与了掩护护航队和火力支援任务。但到了10月，随着塔曼桥头堡战斗的失利，斯大林严令禁止海军大型舰只出战，这就实际宣告“红色高加索”号退出了战争。

“红色高加索”号巡洋舰的辅助武器

年轻的水兵站在“红色高加索”号巡洋舰的舰炮前方

“红色高加索”号巡洋舰的水兵正在搬运炮弹

“恰巴耶夫”级巡洋舰

全长	199米	标准排水量	11130吨
全宽	18.7米	最大航速	33.4节
吃水	6.9米	续航力	6360海里

“恰巴耶夫”级巡洋舰（Chapayev-class cruiser）是苏联20世纪30年代末设计的一款轻型巡洋舰。

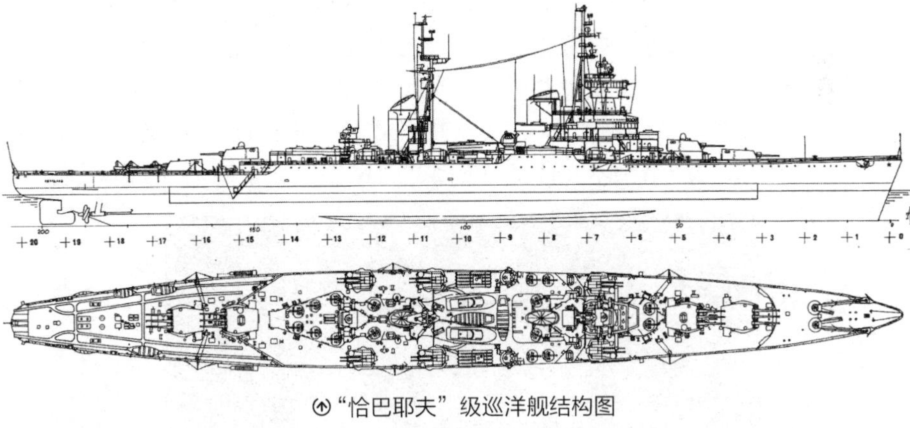

↑“恰巴耶夫”级巡洋舰结构图

研制背景

“恰巴耶夫”级巡洋舰由列宁格勒的海军上将造船厂、列宁格勒的波罗的海造船厂、尼古拉耶夫的61个公社社员造船厂和尼古拉耶夫的黑海造船厂建造。“恰巴耶夫”级巡洋舰共建造了5艘，于1941～1956年间服役。

“恰巴耶夫”级巡洋舰前方视角

作战性能

“恰巴耶夫”级巡洋舰是在“基洛夫”级巡洋舰的基础上改进设计的，因此两者在整体结构上非常相似。“恰巴耶夫”级巡洋舰水线装甲带厚100毫米，主装甲甲板厚50毫米，主炮塔装甲厚175毫米，司令塔侧面装甲厚130毫米。“恰巴耶夫”级巡洋舰装备12门B-38型57倍口径152毫米舰炮，装在四座MK-5型三联装炮塔里，舰艏和舰艉的常规炮位上各有两座。B-38型舰炮单门重17.5吨，MK-5型炮塔重239吨，火炮全长8.95米，射速6.5发/分钟，最大射程23.7千米，身管寿命450发，俯仰角−5度～+45度，最大俯仰瞄速13度/秒，最大水平瞄速7度/秒。此级的防空主力是V-11型37毫米高炮，总计14门炮分别安装在艏楼末端两舷（8门）及尾楼甲板室末端（4门）等。

“恰巴耶夫”级巡洋舰前侧方视角

实战表现

“恰巴耶夫”级巡洋舰本计划建造17艘，但是到卫国战争爆发时只有7艘开建，其中两艘（“斯维尔德洛夫”号和“奥兹伊尼刻赤”号）在尼古拉耶夫船厂被德军俘获，最后被拆除。

↑“恰巴耶夫”级巡洋舰示意图

“阿芙乐尔”号巡洋舰

全长	124米	标准排水量	6730吨
全宽	17米	最大航速	19节
吃水	6.5米	续航力	590海里

“阿芙乐尔”号（Aurora）巡洋舰原属于苏联波罗的海舰队的一艘装甲巡洋舰，这艘巡洋舰经历了三次革命和四场战争，因参加“十月革命”而闻名于世。

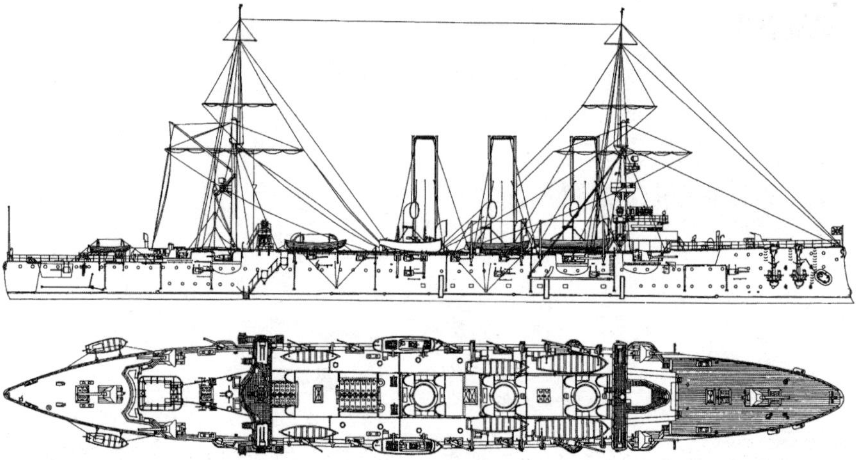

“阿芙乐尔”号巡洋舰结构图

研制背景

“阿芙乐尔”号巡洋舰1900年在圣彼得堡的海军船厂下水，于1902年建成服役。“阿芙乐尔”意为“黎明”或“曙光”，在古罗马神话中是指司晨的女神。1917年“十月革命”前夕，停泊在彼得格勒（现圣彼得堡）的涅瓦河畔。11月6日，该舰接受革命军事委员会的指示，占领尼古拉耶夫桥。7日晚9时45分，奉命开炮，发出进攻冬宫的信号。从1948年起，“阿芙乐尔”号作为“十月革命”的纪念舰永久性停泊在涅瓦河畔，并成为海军博物馆供游客参观。

“阿芙乐尔”号巡洋舰前侧方视角

作战性能

“阿芙乐尔”号巡洋舰长124米、宽17米，修长的舰体被漆成黑色，只有3根巨大的烟囱是鲜亮的黄色。舰上装备有40门火炮，能有效为战场提供强大的火力。

↑“阿芙乐尔”号巡洋舰侧方视角

↑“阿芙乐尔”号巡洋舰上装备的火炮

实战表现

在一战中，“阿芙乐尔”号巡洋舰因作战受伤到船厂维修。二战期间，“阿芙乐尔”号拆下9门火炮，组成“波罗的海舰队独立特种炮兵连”，部署在列宁格勒（圣彼得堡）城郊抵抗德军的进攻，“波罗的海舰队独立特种炮兵连”把阵地隐藏在森林背后，瞄准在泥泞中挣扎的德军坦克，沉稳地战斗着。但独自停泊在港口内的“阿芙乐尔”号却因势单力孤，无力抵挡德军的狂轰滥炸，不得不自沉于港湾中。直到战争后期，才被打捞出水并进行了修复。

↑1903年拍摄的“阿芙乐尔”号巡洋舰

“共产国际”号巡洋舰

全长	134米	标准排水量	6645吨
全宽	16.6米	最大航速	23节
吃水	6.3米	续航力	589海里

“共产国际”号（Komintern）巡洋舰是一艘先后服役于沙俄海军和苏联海军的巡洋舰。

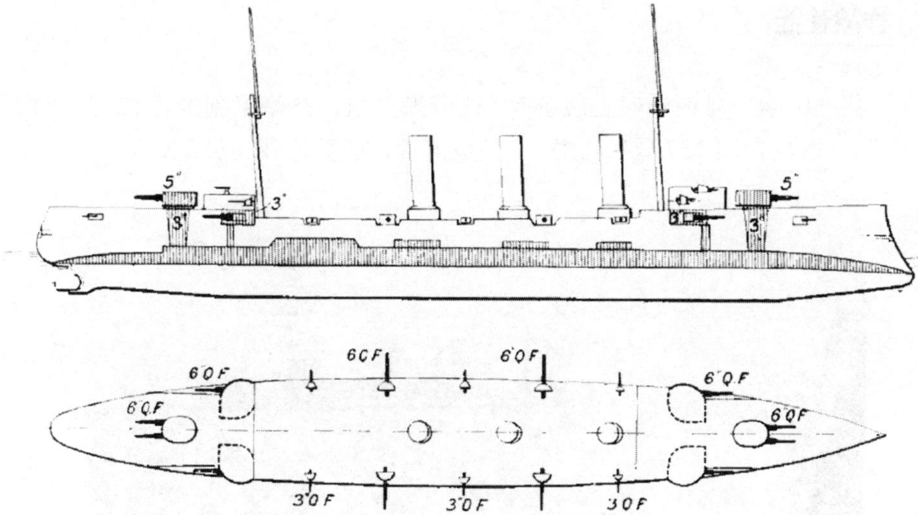

↑“共产国际”号巡洋舰结构图

研制背景

“共产国际”号原为沙俄的“博加蒂尔”级防护巡洋舰（Bogatyr-class protected cruiser）“帕米亚特•梅尔库里亚”（Pamiat Merkuria）号，于1901年开工，1902年下水，1905年服役，隶属黑海舰队，参加了一战和俄国内战。1920年在克里米亚的塞瓦斯托波尔港被撤离的白军自沉。红军将其打捞出水，并改名为“共产国际”号，1923年在苏联红海军重新服役，后改为训练舰。

↑1941年拍摄的“共产国际”号巡洋舰

作战性能

“共产国际”号巡洋舰上装备有152毫米主炮、75毫米副炮各12门，8门47毫米速射炮，2门37毫米高炮，2具鱼雷管，能够搭载舰员570人。

“共产国际”号巡洋舰侧方视角

实战表现

二战中，“共产国际”号巡洋舰在黑海战斗巡逻，1942年3月11日在塞瓦斯托波尔遭德军空袭重创，7月2日转移到波季港，16日再遭空袭无法修复而报废，8月9日被解除武装，火炮支援给陆上防御。

工作人员正在修理“共产国际”号巡洋舰

“基洛夫”级轻型巡洋舰

全长	191.3米	标准排水量	7890吨
全宽	17.7米	最大航速	35.9节
吃水	6.1米	续航力	3750海里

“基洛夫”级巡洋舰（Kirov-class cruiser）是苏联于20世纪30年代建造的轻型巡洋舰，两艘同级舰均参加了二战。

研制背景

“基洛夫”级巡洋舰在设计上以意大利“莱蒙德·蒙特库特里”级轻型巡洋舰为原型，这是意大利海军最早实施大型化的轻型巡洋舰。“基洛夫”级巡洋舰的一号舰“基洛夫”号、二号舰“伏罗希洛夫”号分别于1935年10月22日和1935年10月15日在波罗的海造船厂和马尔季造船厂开工。“基洛夫”号于1938年9月开始服役，“伏罗希洛夫”号则于次年6月开始服役。

刚竣工的“基洛夫”级巡洋舰

“基洛夫”级巡洋舰侧后方视角

1941年的“基洛夫”级巡洋舰

作战性能

“基洛夫”级采用长艏楼结构，艏楼一直延伸到前烟囱末端；两根巨大的向后倾斜的椭圆形烟囱位于舰体中部，且间隔很大，中间是一部舰载机的弹射器；舰桥共有三层，且相对低矮，驾驶室位于第三层2号主炮后，其后有一根大型的“A”字形四角主桅，上置一部测距仪。紧随后烟囱的还有一根细小的三角后桅。

远眺“基洛夫”级巡洋舰

“基洛夫”级装备3座三联装B-1-P型180毫米舰炮。该炮身管长57倍口径，使用MK-3-180型炮塔，分别布置在舰艏的A、B炮位和舰艉的Y炮位。其射速为每分钟6发，最大射程

“基洛夫”级巡洋舰的主炮

约35千米。最初的副炮是6门单管56倍口径的B-34型100毫米舰炮，集中安排在后烟囱两侧的武器平台上。防空武器包括舰桥顶部3门单管46倍口径的21K型45毫米高炮和艉楼上层建筑末端等处密集布置的5门单管67.5倍口径70K型37毫米高炮。“基洛夫”级的双烟囱之间有1部飞机弹射器，舰上可携带2架Be-2小型水上飞机。飞机弹射器的两侧是两组并排式的三联装533毫米鱼雷发射管，除了最初服役的一段时间外，鱼雷发射管都是被拆除了的。此外，舰艉还有2根布雷轨，舰上共可携带60～96枚各式水雷。

实战表现

“基洛夫”号服役于波罗的海舰队，1943年2月27日被授予“红旗”勋章，最终于1974年2月退役。“伏罗希洛夫”号服役于黑海舰队，1945年7月8日被授予“红旗”勋章，最终于1973年3月退役。

“马克西姆·高尔基”级轻型巡洋舰

全长	191米	满载排水量	8177吨
全宽	17.7米	最大航速	37节
吃水	6.3米	续航力	4880海里

“马克西姆·高尔基”级巡洋舰（Maxim Gorky-class cruiser）是苏联于20世纪30年代建造的轻型巡洋舰，四艘同级舰均在二战期间入役。

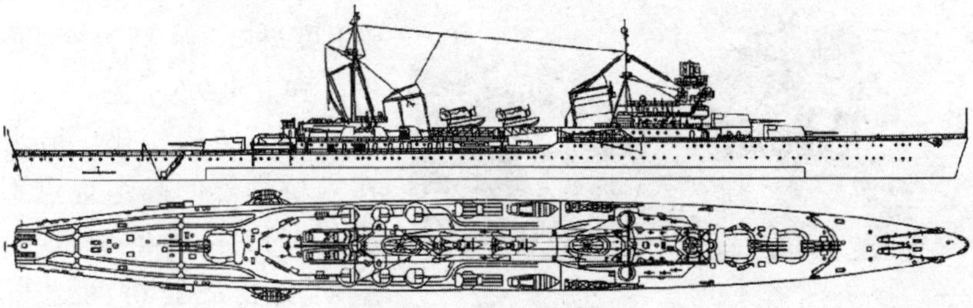

↑“马克西姆·高尔基”级巡洋舰结构图

研制背景

“马克西姆·高尔基”级巡洋舰是在“基洛夫”级巡洋舰基础上改进而成，一号舰“马克西姆·高尔基”号于1936年12月开工，1938年4月下水，1940年10月进入波罗的海舰队服役，1944年3月22日获得“红旗”勋章，1958年4月退役；二号舰“莫洛托夫”号于1937年1月开工，1939年5月下水，1941年6月进入黑海舰队服役，1957年6月重新命名为“光荣”号，1972年4月退役；三号舰“加里宁”号于1938年6月开工，1942年5月下水，1942年12月进入太平洋舰队服役，1960年退役；四号舰“卡冈诺维奇”号于1938年8月开工，1944年5月下水，1944年12月进入太平洋舰队服役，1957年8月重新命名为“彼得罗巴普洛夫斯克”，1961年退役。

建造中的“马克西姆·高尔基”级巡洋舰

作战性能

“马克西姆·高尔基”级巡洋舰与“基洛夫”级巡洋舰差异很小，最明显就是舰桥的变化。前两艘舰上耸立的四脚主桅在后续舰上不再采用，驾驶室顶被一圆桶形结构舱室加高，原安装在主桅的B-20测距仪移到了这一舱室顶部。另外，由于主桅被取消，在舰桥与一号烟囱之间靠近烟囱的地方还新立了一根三角小桅。

舰载武器方面，除“卡冈诺维奇”号和“加里宁”号在以前B-34舰炮的位置替换8门单管90K型85毫米舰炮外，其他无多大变化。90K舰炮是1943年投入使用的52倍口径高平两用半自动舰炮，射速为18发/分，射程为15.5千米，射高达9000米，全炮重5.5吨，水平瞄速12度/秒，俯仰瞄速8度/秒，俯仰角–5度～85度，弹丸重9.5千克。

船坞中的“马克西姆·高尔基”级巡洋舰

由于结构变化，原来设立在舰桥顶部的高炮炮点不复存在。6门21K型45毫米高炮被重新安装在舰桥两边与SPN-100指挥仪高度齐平的武器平台上。和前两舰一样，最初它们被70K换掉，战后又统统拆除，分别被V-11型高炮和“圆顶”雷达顶替。

“愤怒”级驱逐舰

全长	112.8米	标准排水量	1612吨
全宽	10.2米	最大航速	39.4节
吃水	4.8米	续航力	2800海里

“愤怒”级驱逐舰（Gnevny-class destroyer）是苏联于20世纪30年代建造的驱逐舰，共有30艘建成并在二战中服役。

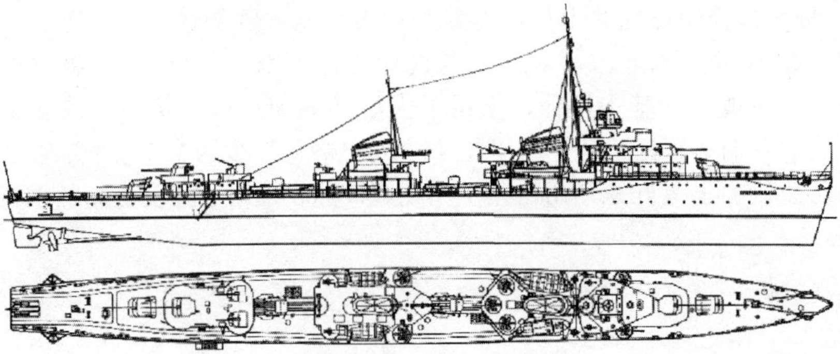

“愤怒”级驱逐舰结构图

研制背景

日俄战争失败后，沙俄开始重建海军，根据德国提供的设计图纸建造的“诺维克”号驱逐舰在世界驱逐舰发展史上占有重要地位，并奠定了此后沙俄/苏联海军建造大型舰队驱逐舰的传统。苏联建立后，新成立的苏联海军的首要任务是修复沙俄海军的作战舰艇，然后逐渐恢复国内船厂的建造能力，同时成立中央研究院，负责舰艇设计并开始有计划地建造潜艇、驱逐舰等中小型舰艇。第一个五年计划中的“列宁格勒”级驱逐舰领舰和D级大型潜艇、L级布雷潜艇就是这个时期的代表。

20世纪20年代，苏联开始与德国和意大利进行接触，寻求技术援助。在这个时期，意大利船厂给予了苏联极大的帮助，两国海军也多次进行了互访，在巡洋舰、驱逐舰以及潜艇的建造上，苏联舰艇都打上了意大利的烙印。在1932年开始的苏联第二个五年计划中，海军舰艇的建造继续被给予高度重视。在建造“列宁格勒”级驱逐舰领舰后，苏联海军认为有能力建造新一级的舰队驱逐舰。计划数量多达36艘（最终建成30艘），用来组建8个驱逐舰支队，分别配备给波罗的海、黑海、太平洋舰队和北方舰队。工程设计代号为7，因此被称为7号工程或7型驱逐舰，按首舰舰名又称为“愤怒”级。

远眺“愤怒”级驱逐舰

作战性能

“愤怒”级驱逐舰的设计虽然受到意大利驱逐舰的影响，但苏联海军根据自己的战术技术要求，对意大利设计进行了修改。“愤怒”级驱逐舰保留了意大利舰只的基本设计，采用了大型单烟囱结构、长艏楼的基本舰型及动力装置的布置形式等，但沿用了“列宁格勒”级的130毫米单管舰炮和小型防盾。为了更好地使用这些重型舰炮，苏联采用了强度更高的钢材制造炮架。

“愤怒”级驱逐舰侧面视角

“愤怒”级的防空火力在当时来讲是相当强大的，装备了2门76.2毫米高炮，布置在两个鱼雷发射管之间的甲板室上，这样可以拥有更好的射界，同时也不影响3号主炮的使用。高炮的测距仪布置在3号主炮的前方。另有2门单管45毫米速射高炮布置在艏楼甲板的两侧，位置在烟囱与舰桥之间，后被37毫米炮所替代。鱼雷发射管为2组三联装，水雷导轨总长140米，最多可布放56枚水雷。

实战表现

↑“愤怒”级驱逐舰侧前方视角

二战期间，苏联海军波罗的海舰队有5艘“愤怒”级驱逐舰，其中4艘战沉。“愤怒”号在大战爆发的第二天（1941年6月23日）于奥列格沙洲被击沉。月底，“威胁”号、“敏捷”号一起参加了布雷作战，用于防卫里加湾的入口。但几天后，苏军即放弃了里加，两舰也随即穿过月亮峡湾撤至芬兰湾，通过雷瓦尔向德军至里加的海上交通线发动攻击，但并没有取得战果。“守护”号也参与了行动，随后又掩护苏军从雷瓦尔向喀朗施塔得撤退。整个8月份，掩护撤退的行动一直在进行，“自豪”号于8月28日触雷受伤。“威胁”号则在列宁格勒作为浮动炮台使用，“自豪”号、“敏捷”号和“守护”号也在喀朗施塔得执行类似的任务。9月21日，“守护”号被德国俯冲轰炸机炸沉（该舰于1944年打捞出水，1945年整修后重新服役），“自豪”号和“威胁”号也被炸受伤。

在苏军决定从芬兰湾西部的汉科撤离后，苏联驱逐舰再次于11月出海作战，而“敏捷”号则在向喀朗施塔得返航的途中于汉科外海触雷沉没。10天后，“自豪”号也在执行同样任务时触雷沉没。这样一来，只有“威胁”号一艘仍在波罗的海留在喀朗施塔得服役，在战争的剩余日子里减少了舰员，仅作为火力支援舰使用。

除了波罗的海舰队，北方舰队也有5艘“愤怒”级驱逐舰（“洪亮”号、“严厉”号、“雷鸣”号、“强击”号、“神速”号），后来又有2艘（“暴怒”号和“理智”号）增援，在战争中一共损失了2艘。“愤怒”级驱逐舰的其他同级舰大多在太平洋舰队服役。

“塔什干”级驱逐舰

全长	139.7米	标准排水量	2950吨
全宽	13.7米	最大航速	42节
吃水	3.7米	续航力	4000海里

“塔什干”级驱逐舰（Tashkent-class destroyer）是苏联在二战时期建造的驱逐舰，集大型化、强火力、高航速三大特点于一身。

↑“塔什干”级驱逐舰结构图

研制背景

在“塔什干”级驱逐舰的建造过程中，苏联采用意大利对轻巡洋舰的设计理念，将意大利风格充分吸收并运用在了驱逐舰大型化设计上，最终诞生了“塔什干”级驱逐舰。1937年11月，“塔什干”级驱逐舰首次下水试航，1942年6月28日，该舰被德机炸中导致动力舱大量进水，舵机失灵，航速一度下降到13节（进水1900吨，储备浮力丧失45%），后来勉强抵达新罗西斯克，之后“塔什干”级驱逐舰被苏联废弃。

㊉“塔什干”级驱逐舰前侧方视角

㊉ 1939年拍摄的“塔什干”级驱逐舰

作战性能

“塔什干”级驱逐舰标准排水量2950吨，最高航速为42节，舰上装备有三座双联装130毫米主炮和三座三联装533毫米鱼雷发射管。

㊉“塔什干”级驱逐舰前侧方视角

5.2 潜艇

“斯古卡”级潜艇

全长	57米	满载排水量	704吨
艇员	38人	最大水上航速	12.5节
标准排水量	577吨	最大水下航速	6.3节

“斯古卡”级潜艇结构图

“斯古卡”级（Shchuka-class，简称SC级）潜艇是设计于近海作战的中型潜艇。最初的设计需求是苏联革命军事委员会于1930年1月23日提出的，计划自1930年2月起开始建造大量的“斯古卡”级潜艇装备4个苏联海军舰队。负责建造“斯古卡”级潜艇的海军码头共有7处，分别位于列宁格勒、高尔基市、尼古拉耶夫和符拉迪沃斯托克，这些码头最终建成了86艘“斯古卡”级潜艇。

“斯古卡”级潜艇的每艘艇有特定的命名方式，如“1××”代表该批艇在太平洋舰队服役，“2××”代表在黑海舰队服役，“3××”代表在波罗的海舰队服役，“4××”代表在北方舰队服役。太平洋舰队中的“斯古卡”级潜艇主要用于对日作战，在大战中没有损失，但其他几支舰队中的“斯古卡”级潜艇损失较大，几乎涵盖了所有一线作战潜艇中的70%。

㊉“斯古卡”级潜艇在港口休整

㊉保存至今的“斯古卡”级潜艇舰岛

“玛留卡”级潜艇

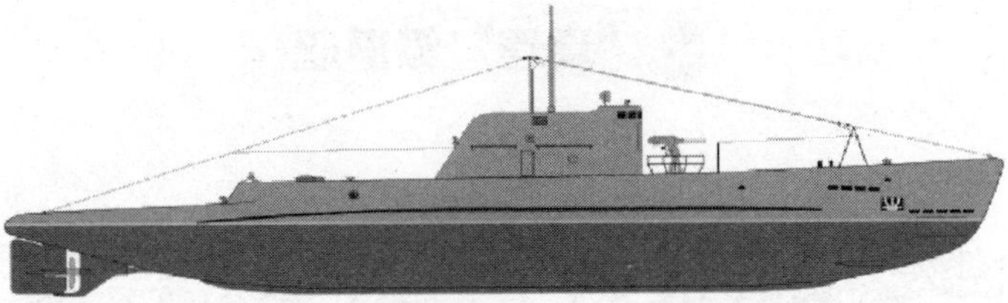

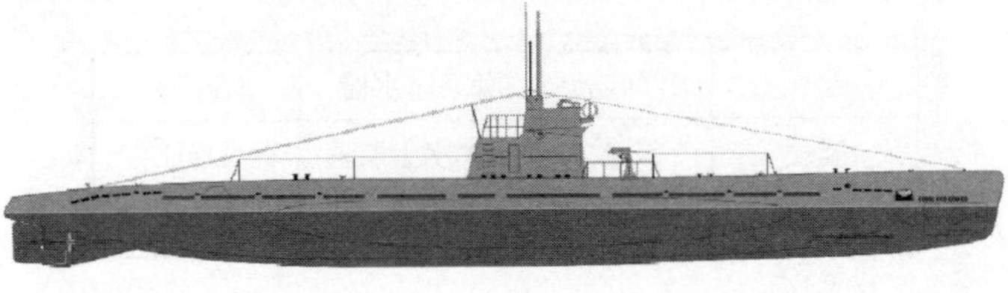

全长	37.5米	满载排水量	198吨
艇员	18人	最大水上航速	13.1节
标准排水量	158吨	最大水下航速	7.4节

“玛留卡”级（Malyutka-class，简称M级）潜艇是苏联于20世纪30年代初设计的典型的近海潜艇，也是世界上第一种采用全焊接工艺建造的潜艇。“玛留卡”级潜艇共有4个不同的系列：Ⅵ、Ⅵ-bis、Ⅻ和ⅩⅤ系列，每一系列均在前一系列基础上有所改进。

由于设计目标的原因，“玛留卡”级潜艇的性能指标乏善可陈。其中，Ⅵ系列艇的航程仅800海里，晚期的型号航程才增大到3400海里。Ⅵ型的最大海上自持力仅10天，艇上仅能携带2枚鱼雷。不过，用于近海巡逻的目的，这种潜艇似乎也已够用。造价低廉、便于大量生产是其显著优点，甚至可以很方便地由铁路转场运输。二战时，有不少“玛留卡”级潜艇经由铁路运输到20000千米，以保护苏联漫长的海岸线。这种潜艇足以有效保护苏联沿海的海军基地码头等设施，还可用于封锁敌港口水域。

“真理”级潜艇

全长	87.6米	满载排水量	1690吨
艇员	53人	最大水上航速	20节
标准排水量	955吨	最大水下航速	8.3节

“真理”级（Pravda-class，简称P级）潜艇设计用于配合战列舰执行水下远距离物资运输补给任务，潜艇的航行速度必须跟得上战列舰的航速（约22～23节水面最大航速），同时必须具备一定的水下攻击能力。所以“真理”级潜艇的艇壳设计是按照高速航行的需求进行的，火力也较强大。

“真理”级潜艇于1930年10月开始设计制造。设计意图并没能真正贯彻到潜艇的建造中去，该级艇下潜深度较小，下潜和上浮速度也较慢，水下航行可操纵性差，鱼雷发射也常有故障。所以“真理”级潜艇很难说得上是一种有效的作战潜艇。该级潜艇一共建造完成3艘。战争爆发前，3艘“真理”级潜艇全部用作训练，但战争期间还是执行过运输任务，其中1艘因故沉没。

二战兵器
图鉴系列

参考文献

REFERENCES

[1] 吴荣华. 二战苏联海军史[M]. 北京：人民日报出版社，2014.

[2] 唐纳德. 世界武器：二战军机[M]. 北京：中国青年出版社，2006.

[3] 埃尔兰. 二战军舰——柯林斯百科图鉴[M]. 沈阳：辽宁教育出版社，2002.

[4] 温切斯特. 世界飞机图文档案：二战军机[M]. 北京：中国青年出版社，2007.

[5]《深度军事》编委会. 二战尖端武器鉴赏指南（珍藏版）[M]. 北京：清华大学出版社，2014.